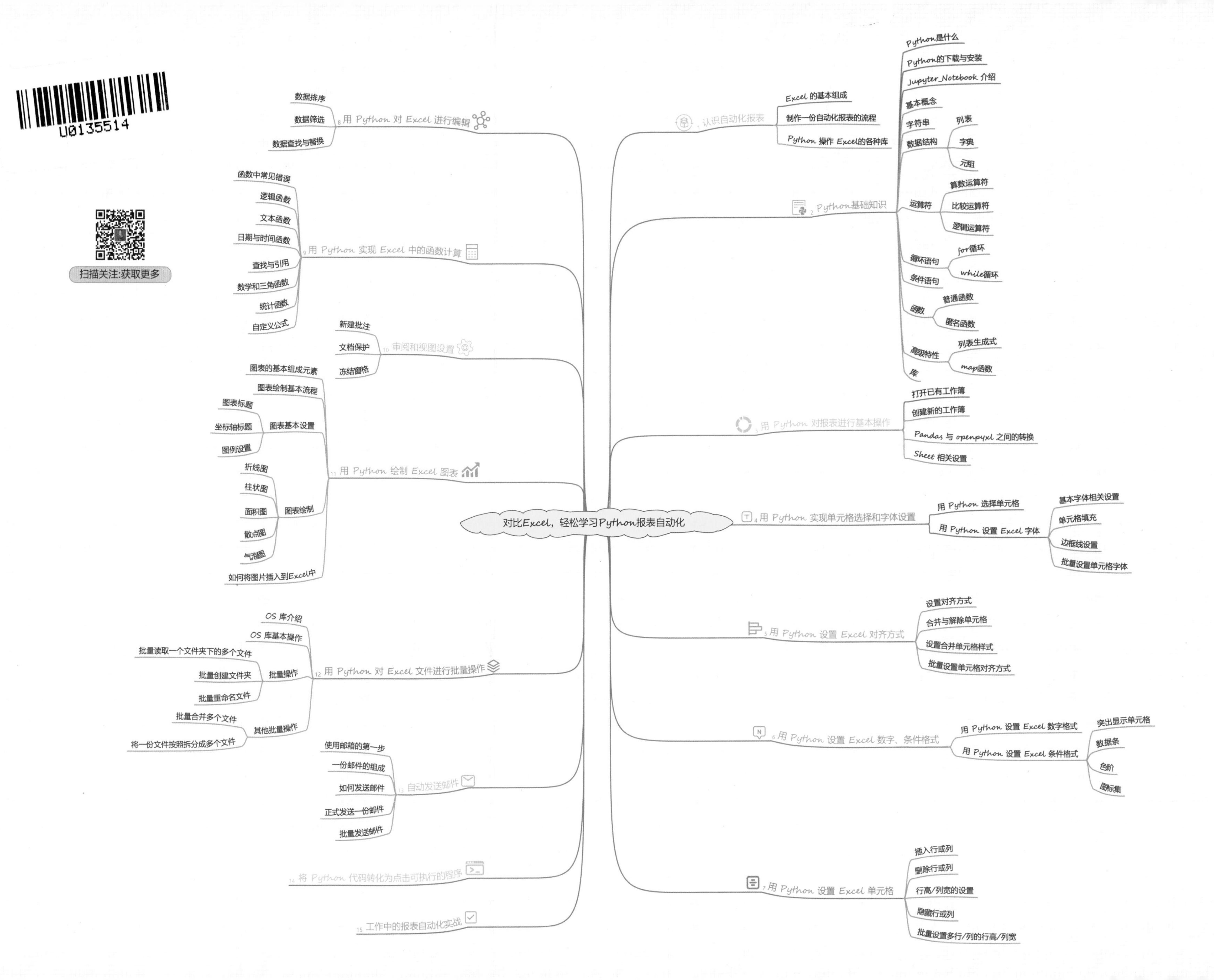
对比Excel，轻松学习Python报表自动化
1 认识自动化报表
Excel 的基本组成
制作一份自动化报表的流程
Python 操作 Excel的各种库
2 Python基础知识
Python是什么
Python的下载与安装
Jupyter Notebook 介绍
基本概念
字符串
数据结构
列表
字典
元组
运算符
算数运算符
比较运算符
逻辑运算符
循环语句
for循环
while循环
条件语句
函数
普通函数
匿名函数
高级特性
列表生成式
map函数
库
3 用 Python 对报表进行基本操作
打开已有工作簿
创建新的工作簿
Pandas 与 openpyxl 之间的转换
Sheet 相关设置
4 用 Python 实现单元格选择和字体设置
用 Python 选择单元格
用 Python 设置 Excel 字体
基本字体相关设置
单元格填充
边框线设置
批量设置单元格字体
5 用 Python 设置 Excel 对齐方式
设置对齐方式
合并与解除单元格
设置合并单元格样式
批量设置单元格对齐方式
6 用 Python 设置 Excel 数字、条件格式
用 Python 设置 Excel 数字格式
用 Python 设置 Excel 条件格式
突出显示单元格
数据条
色阶
图标集
7 用 Python 设置 Excel 单元格
插入行或列
删除行或列
行高/列宽的设置
隐藏行或列
批量设置多行/列的行高/列宽
8 用 Python 对 Excel 进行编辑
数据排序
数据筛选
数据查找与替换
9 用 Python 实现 Excel 中的函数计算
函数中常见错误
逻辑函数
文本函数
日期与时间函数
查找与引用
数学和三角函数
统计函数
自定义公式
10 审阅和视图设置
新建批注
文档保护
冻结窗格
11 用 Python 绘制 Excel 图表
图表的基本组成元素
图表绘制基本流程
图表基本设置
图表标题
坐标轴标题
图例设置
图表绘制
折线图
柱状图
面积图
散点图
气泡图
如何将图片插入到Excel中
12 用 Python 对 Excel 文件进行批量操作
OS 库介绍
OS 库基本操作
批量操作
批量读取一个文件夹下的多个文件
批量创建文件夹
批量重命名文件
其他批量操作
批量合并多个文件
将一份文件按照拆分成多个文件
13 自动发送邮件
使用邮箱的第一步
一份邮件的组成
如何发送邮件
正式发送一份邮件
批量发送邮件
14 将 Python 代码转化为点击可执行的程序
15 工作中的报表自动化实战
扫描关注:获取更多
U0135514

·入职数据分析师系列·

对比Excel，轻松学习Python报表自动化

张俊红 著

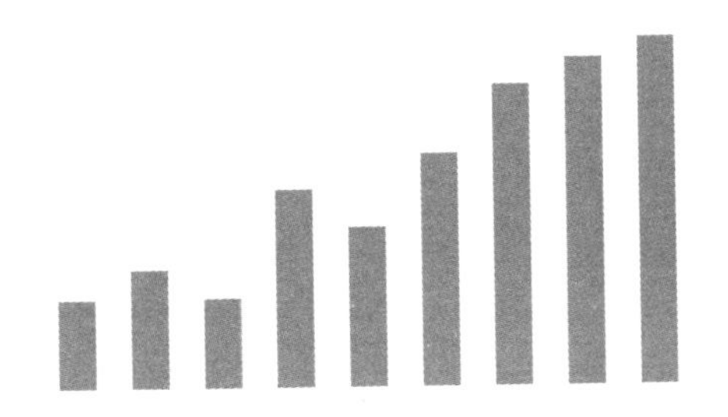

電子工業出版社
Publishing House of Electronics Industry
北京•BEIJING

内 容 简 介

“入职数据分析师系列”图书的前两本《对比 Excel，轻松学习 Python 数据分析》和《对比 Excel，轻松学习 SQL 数据分析》深受读者好评，截至 2021 年 8 月累计销量近 15 万册。这本《对比 Excel，轻松学习 Python 报表自动化》继承了对比学习的特点，全书内容围绕 Excel 功能区的各个模块，通过对比 Excel 的方式来详细讲解每个模块中对应的 Python 代码如何实现，轻松、快速地帮助职场人实现报表自动化，提高工作效率。

本书主要分为 4 个部分：第 1 部分介绍 Python 基础知识，让读者对 Python 中常用的操作和概念有所了解；第 2 部分介绍格式相关的设置方法，包括字体设置、条件格式设置等内容；第 3 部分介绍各种类型的函数；第 4 部分介绍自动化相关的其他技能，比如自动发送邮件、自动打包等操作。

本书适合每天需要做很多报表，希望通过学习报表自动化来提高工作效率的所有读者，包括但不限于分析师、数据运营、财务等人群。

图书在版编目（CIP）数据

对比 Excel，轻松学习 Python 报表自动化 / 张俊红著. —北京：电子工业出版社，2021.10
（入职数据分析师系列）
ISBN 978-7-121-42072-6

Ⅰ. ①对⋯ Ⅱ. ①张⋯ Ⅲ. ①软件工具－程序设计 Ⅳ. ①TP311.561

中国版本图书馆 CIP 数据核字（2021）第 191903 号

责任编辑：张慧敏
印　　刷：三河市华成印务有限公司
装　　订：三河市华成印务有限公司
出版发行：电子工业出版社
　　　　　北京市海淀区万寿路 173 信箱　　邮编：100036
开　　本：720×1000　1/16　印张：17.25　字数：353 千字　彩插：1
版　　次：2021 年 10 月第 1 版
印　　次：2023 年 2 月第 3 次印刷
印　　数：11001～12000 册　　定价：84.00 元

凡所购买电子工业出版社图书有缺损问题，请向购买书店调换。若书店售缺，请与本社发行部联系，联系及邮购电话：（010）88254888，88258888。
质量投诉请发邮件至 zlts@phei.com.cn，盗版侵权举报请发邮件至 dbqq@phei.com.cn。
本书咨询联系方式：010-51260888-819，faq@phei.com.cn。

业界推荐

（排名不分先分）

这本书对新手特别友好！对大部分新人而言，Python 的使用环境太过模型化，英语界面难以看懂，操作也不直观，而 Excel 则是大家经常使用的工具软件。将这二者对比学习，可以极大地提升学习效率，让新人快速进步。报表又是日常数据分析工作的主要部分，能用 Python 来实现报表自动化，将大幅提升职场人的工作效率。

——陈老师，公众号“接地气学堂”主理人

随着 Python 越来越流行，很多人希望能够掌握这项技能。Python 能做的事情有很多，俊红这本书专注报表自动化这一细分领域。该书围绕报表制作的流程，通过对比 Excel 的方式讲解每个环节对应的 Python 代码的实现方法，不仅包括 Excel 的单元格设置、条件格式设置等基础功能，还包括了批量处理文件和自动发送邮件等高级功能，整本书内容翔实而又全面，推荐给想通过报表自动化提高工作效率的读者。

——崔庆才，微软（中国）工程师、《Python3 网络爬虫开发实战》作者

与数据分析相关的工作中，存在很多重复性的工作，比如常规的日报、周报、月报；也存在很多复杂、耗费时间的工作，比如批量处理 CSV、Excel、Word、Web 文件等。能否把这些重复性高、复杂性强的工作交给计算机去做，我们去做一些有价值、提升自己的事情？

随着计算机技术、编程简单化的发展，这个“普遍性”的问题终于迎来了春天，相信这本书能带给你不一样的收获，写得很有实战性，也很适合小白学习，所以不用担心学不会。

——邓凯，数据届大 V、爱数圈创始人

此书已是“入职数据分析师系列丛书”第 3 本，俊红能够深入浅出地将 Python 应用于工作的常见场景中，提高工作效率，是对技术大众化应用典型的探索。

——梁勇，公众号“Python 爱好者社区”主理人

本书围绕报表制作的终极目标，从 Python 基础知识开始，通过对照大家所熟悉的 Excel 操作，比如单元格格式设置、使用各种函数、绘制图表等，由浅入深地介绍了如何使用 Python 语言操作，以实现报表处理的自动化。本书将帮助初学者快速掌握 Pyhton 语言，利用它来提高报表处理的效率。介绍给希望实现报表自动化的朋友学习本书。

——龙逸凡，畅销书《打造 Excel 商务图表达人》作者

作为职场人，特别是每天要和数据打交道的人，经常会遇到一些重复烦琐的工作，如果要彻底摆脱“工具人”的束缚，掌握一门编程语言并熟练运用就显得很有必要，Python 无疑是最适合处理数据的编程语言之一。

而俊红这本《对比 Excel，轻松学习 Python 报表自动化》给了我们摆脱“工具人”的可能，以前需要一天才能做完的工作，现在只需要几行代码就能解决。

——刘志军，公众号“Python 之禅”主理人、次幂数据创始人

本书延续“对比 Excel，轻松学”的写作特点，聚焦在 Excel 自动化报表制作上。不论是细化到具体单元格的数据内容及字体、填充色等样式设置，还是多工作表的公式函数联动，抑或是数个文件及文件夹的批量编辑，这本书深入浅出地介绍了对应场景和具体做法，内容的体系化和实用性令人赞叹，而且代码详尽、步骤清晰。

将囿于周期性报表的精力聚焦在业务分析上是很多分析师和运营人员的期望，充分运用 Python 脚本等工具高效制作自动化报表非常值得尝试，而本书对 Excel 从单元格到工作簿不同尺度的各类自动化操作有清晰的讲解，书中的实践可以使你在操作 Excel 报表时优雅高效、如臂使指，本书非常适合作为案头时常翻阅的工具书。

——梅破知春近，读者

Excel 是数据分析师常用的软件之一。然而，如果报表制作耗费的时间太多，分析师便缺少精力去对报表做深入分析。本书抓住了这个痛点，通过对比 Excel 的方式来讲解报表制作对应的 Python 代码如何实现，从而实现报表自动化，提升分析师的工作效率，提高业务效能。

——NEIL，读者

本书不同于 Python 专业开发书籍，作者对 Python 每个知识点的讲解都是为了实现报表自动化，采用了对比方法并结合案例对核心知识点进行讲解。特别适合需要处理大量报表，又想提高效率的读者，是一本非常实用的书籍。

——Net，读者

当初为了学习数据分析，偶然间接触到张老师的《对比 Excel，轻松学习 Python 数据分析》一书，立刻被里面利用对比方式进行学习的风格所吸引，特别是张老师还为书籍在“知识星球”里建立了一个数据分析学习交流的圈子。在圈子里和大家每天坚持打卡学习，分享学习笔记，互相交流讨论，这样的学习氛围岂不美哉！

最新推出的这本《对比 Excel，轻松学习 Python 报表自动化》可以看作是《对比 Excel，轻松学习 Python 数据分析》的进阶版和项目实战版，延续了之前对比的学习风格，再加上清晰易懂的语言讲解和详尽的实例演示，相信大家读后定能获益匪浅。

——你好！阳光，读者

报表制作是职场人必备的技能。尽管这样，大部分人仍停留在手动处理阶段。面对复杂的报表需求，如何更高效地处理加工报表成为了一门学问。

俊红这本书可以说是打开了高效处理报表的大门。整本书很有特色，通过对比大家都熟悉的 Excel 功能和函数，使用 Python 编程由浅及深地实现报表自动化，如文件批量处理、自动生成可视化图表、自动发邮件。每一个章节都有案例清楚地讲解核心使用方法，即使你是 Python 小白也不要紧，只要按照本书教程学习，也可以成为报表自动化处理的高手，提升百倍的工作效率。

——于耀东，风控模型专家、公众号“Python 数据科学”主理人

有人的地方就有电脑，有电脑的地方就有程序，有程序的地方就有 Excel。

如果你每天需要处理海量的 Excel 数据，并且需要制作各种各样的报表，那么，阅读这本书就对了。因为，有 Excel 的地方就有 Python。

从现在开始，就让我们跟随本书作者张俊红——一位擅长 Excel、Python 和 SQL，并且精通数据分析和机器学习的工程师的坚实脚步，像学 Excel 一样，轻松学习 Python 报表自动化吧！

——周斌，《WPS Office 效率手册》作者、创新思维与 Office 管理教练

前言

为什么要写这本书

作为一名数据分析师，在日常工作中或多或少都会涉及报表制作的工作。虽然我在《对比 Excel，轻松学习 Python 数据分析》一书中介绍了数据分析涉及的一些基本操作，但更多是从分析层面出发的，比如如何处理异常值、如何进行可视化等。而在实际的报表制作中，会用到很多函数及格式设置，比如调整字体的大小、颜色等，所以本书将围绕报表制作的流程，通过对比 Excel 的方式来讲解报表制作中每个环节对应的 Python 代码如何实现。

为什么要学习报表自动化

数据分析师的一项重要工作就是制作报表，不同数据分析师制作报表的工作量比重是不一样的，有的人比较多，有的人比较少。数据分析师的核心价值其实不是做报表，而是通过报表去发现业务问题，从而提出优化建议。但是如果制作报表耗费的时间太多，就会导致没有时间去做深入分析，毕竟人的精力是有限的。所以我们要尽可能地实现报表自动化，从而留出更多的时间去做分析。

本书学习建议

学习 Python，关键是练习。建议读者在阅读本书后，看一下自己工作中的哪个报表能够用书中学到的知识实现，先逼自己实现第一个，再实现第二个，……。刚开始会比较痛苦、比较慢，可能写代码要比自己手动做还要慢，不要紧，只要迈出了第一步，后面就会越来越熟练，越来越快。

本书写了什么

本书主要分为 4 个部分：第 1 部分介绍 Python 基础知识，让读者对 Python 中常用的操作和概念有所了解；第 2 部分介绍格式相关的设置方法，包括字体设置、条件格式设置等内容；第 3 部分介绍各种类型的函数；第 4 部分介绍自动化相关的其他技能，比如自动发送邮件、自动打包等操作。

本书读者对象

本书适合每天需要做很多报表，希望通过学习报表自动化来提高工作效率的所有读者，包括但不限于分析师、数据运营、财务等人群。

本书说明

关于本书用到的安装包、数据集、代码等资源，读者可以通过关注我的个人公众号——俊红的数据分析之路（ID：zhangjunhong0428）下载并使用。

作　者

目录

第1部分 Python 基础

第 2 部分 格式设置

第 4 部分 自动化报表

第1部分
Python 基础

01 第1章 认识自动化报表

1.1 Excel 的基本组成

图 1-1 所示是 Excel 中各个部分的组成关系，我们工作中每天会处理很多 Excel 文件，一个 Excel 文件其实就是一个工作簿。每次新建一个 Excel 文件时，文件名都会默认是工作簿 x，其中 x 就是新建的文件个数。而一个工作簿中又可以有多个 Sheet，不同 Sheet 之间是一个独立的表。每一个 Sheet 又由若干个单元格组成。每一个单元格又有若干的元素或属性。我们一般对 Excel 文件设置最多的就是对单元格的元素进行设置。

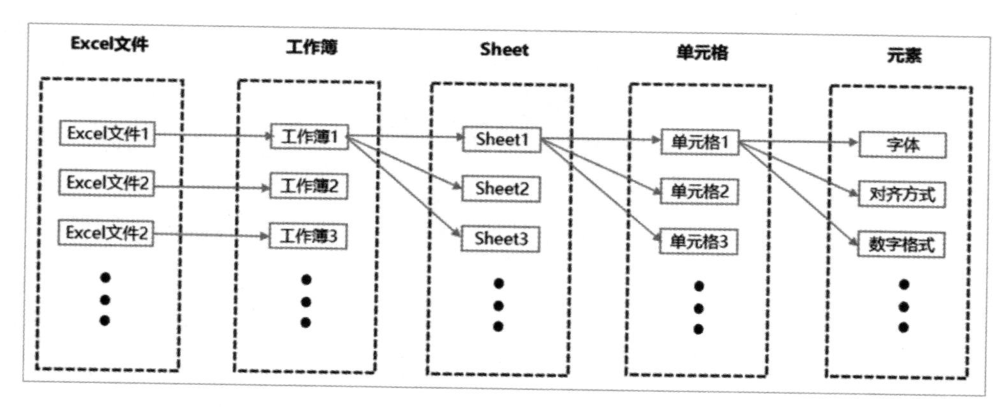

图 1-1

对单元格元素进行设置的主要内容如图 1-2 所示，比如字体、对齐方式、条件格式等。本书也是按照 Excel 功能区中的模块进行编写的。

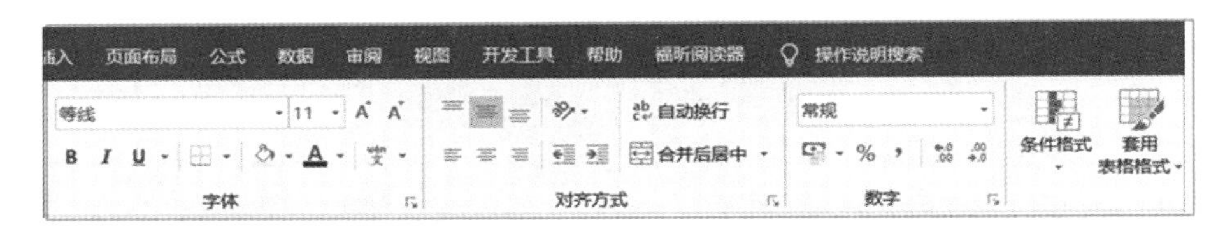

图 1-2

1.2 制作一份自动化报表的流程

图 1-3 是我整理的制作一份自动化报表需要经历的流程，主要分为 5 个步骤。

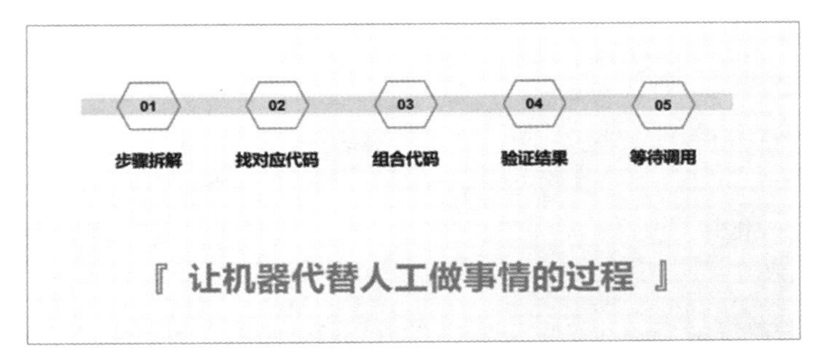

图 1-3

第 1 步，步骤拆解。这里是对要做的报表进行步骤拆解，这个步骤拆解和用不用工具或者用什么工具是没有关系的，比如做报表的第一步一般都是收集数据，这个数据可能是线下人员记录在纸质笔记本上的，也可能是存储在 Excel 表格中的，还有可能是存储在数据库中的。因为数据源的类型或者存储方式不同，对应的收集数据的方式也会不同，但是收集数据这个步骤本身是不会变的，这个步骤的目的就是把数据收集过来。

第 2 步，找对应代码。思考第 1 步中拆解的步骤中每一步对应的实现方式，一般都是去找对应每一步的代码，比如导入数据的代码是什么、重复值删除的代码是什么。

第 3 步，组合代码。将第 2 步中各个步骤对应的代码进行组合，组合成一个完整的代码。

第 4 步，验证结果。对第 3 步中完整代码得出来的报表结果进行验证，看结果是否正确。

第 5 步，等待调用。在需要制作报表时，执行已写好的代码。

其实，报表自动化本质上就是**让计算机代替人工做事情的过程**，我们只需要将人工需要做的每一个步骤转化成计算机可以理解的语言，也就是代码，然后让计算机自动执行，就是实现了自动化。

1.3 用 Python 操作 Excel 的各种库

Python 中可以用来操作 Excel 的库有很多，每个库都有各自的优势和不足，我们需要根据自己的需求来选择对应的库，有时任意一个单一的库都不太能满足我们的全部需求，经常需要结合使用多个库。

目前，Python 操作 Excel 的库主要如下。

- win32com
- xlrd
- xlwt
- xlutils
- xlsxwriter
- xlwings
- openpyxl
- Pandas

win32com 可以被理解成是鼠标模拟器，是通过模拟计算机中的每一个事件来实现对 Excel 的操作，目前只适用于 Windows 系统的计算机，而且网上相关资料很少，学习起来会比较困难。

xlrd 主要用于将已经存在的 Excel 文件读取到 Python 中。

与 xlrd 相对应的是 xlwt，xlwt 主要用于将 Python 中的文件存储到 Excel 中。

xlutils 可以被理解成是 xlrd 和 xlwt 的组合，用于对文件进行读和写的操作。

xlsxwriter 可以进行各种样式的设置，还可以进行图表绘制等操作，唯一不足的是不能够读取现有的文件。

xlwings 是新出来的库，很受欢迎，操作的结果可以实时显示在 Excel 中，还可以在 VBA 中调用 Python 代码，也支持与各种语言进行交互。但是代码形式和常规的代码不太一样，在单元格格式设置方面的功能也不全面。

openpyxl 是老牌的 Excel 库了，各项功能都比较中规中矩。

Pandas 是数据处理“神器”，现在 Python 数据处理基本都是用它了。

我们对 Excel 操作的常规需求，主要有两种，一种是数据处理，另一种是格式样式设置。数据处理方面必然选择 Pandas 库，还需要找一个能够设置格式样式的库与 pandas 相结合。本书选择了 openpyxl 库，主要是因为这个库的格式设置功能比较全，而且代码实现方式会比较好理解。

当然，也建议大家在学习的过程中不要局限于本书，可以去了解一下其他的库。

02 第2章 Python基础知识

2.1 Python是什么

首先，Python是一门编程语言，具有丰富和强大的库。它被称为胶水语言，之所以得到这样的称呼，是因为它能够把用其他语言制作的各种库（尤其是C/C++语言）很轻松地连接在一起。

Python语言的语法简单、容易上手，最主要是有很多现成的库可以直接调用，可以满足在不同领域的需求，包括数据分析、机器学习及人工智能领域，受到越来越多编程人士的喜欢。

2.2 Python的下载与安装

2.2.1 安装教程

本书没有选择下载官方的Python版本，而是下载了Python的一个开源版本Anaconda。之所以选择Anaconda，是因为Anaconda对刚开始学习Python的人实在是太友好了。我们知道Python有很多现成的库可以直接调用，但是在调用之前需要先进行安装。如果你下载Python的官方版本，则需要自己手动安装需要使用的库。如果下载Anaconda，那么里面会自带一些常用的Python库，不再需要自己去安装。接下来就先看一下Anaconda的具体安装流程。

因为Windows系统和MacOS系统的安装流程略有不同，所以我们分开来讲述。

1．Windows系统安装

在Windows系统中安装Anaconda的具体流程如下。

Step1：查看计算机的系统类型是 32 位还是 64 位的，如图 2-1 所示。

Windows 版本
Windows 10 家庭中文版
© 2017 Microsoft Corporation。保留所有权利。

系统

制造商:	北京田米科技有限公司
型号:	小米笔记本电脑 Air 13
处理器:	Intel(R) Core(TM) i5-6200U CPU @ 2.30GHz 2.40 GHz
已安装的内存(RAM):	8.00 GB (7.90 GB 可用)
系统类型:	64 位操作系统，基于 x64 的处理器
笔和触控:	没有可用于此显示器的笔或触控输入

北京田米科技有限公司 支持

电话号码:	400-100-5678
支持小时数:	8:00-18:00
网站:	联机支持

图 2-1

Step2：进入 Anaconda 官方网站，点击上方导航栏中的“Products”按钮，然后选择“Individual Edition”选项，即个人版，如图 2-2 所示。

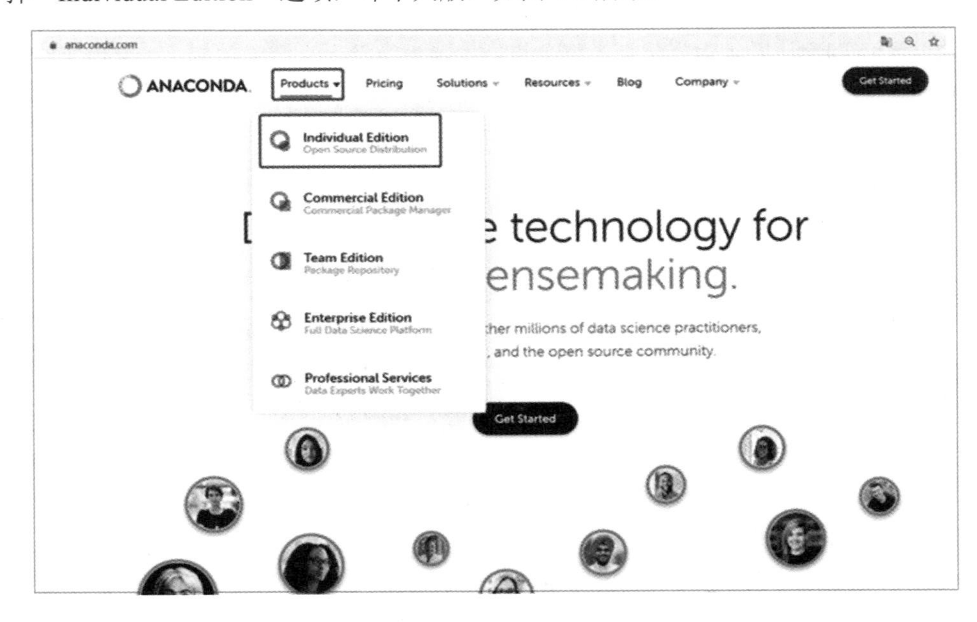

图 2-2

需要注意的是，Anaconda 官网的界面会不定时进行调整，所以你看到的界面和图 2-2 可能会有所不同。

Step3：点击“Download”按钮进行下载，如图 2-3 所示。

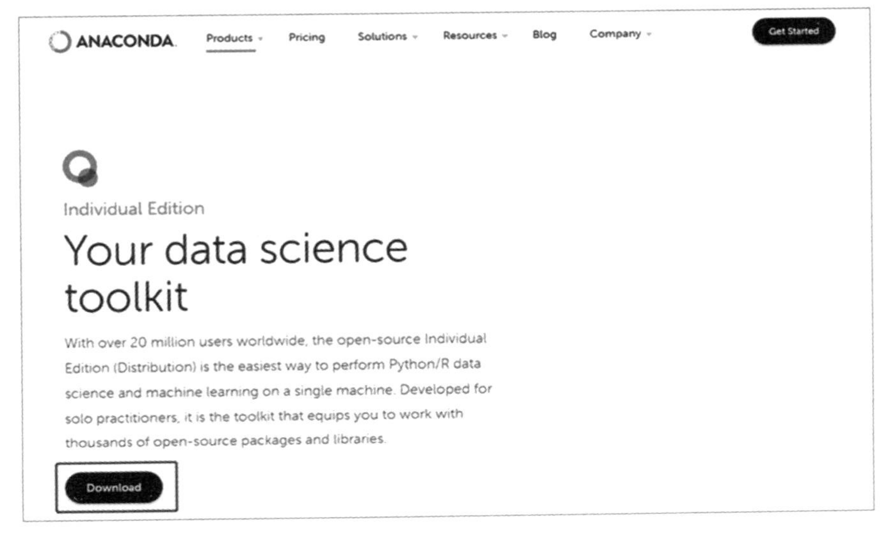

图 2-3

Step4：根据 Step1 中获取到的计算机系统位数，选择 Windows 下方的对应版本，64-Bit 表示 64 位操作系统，32-Bit 表示 32 位操作系统。点击具体版本，就会自动弹出保存页面，进行下载，如图 2-4 所示。

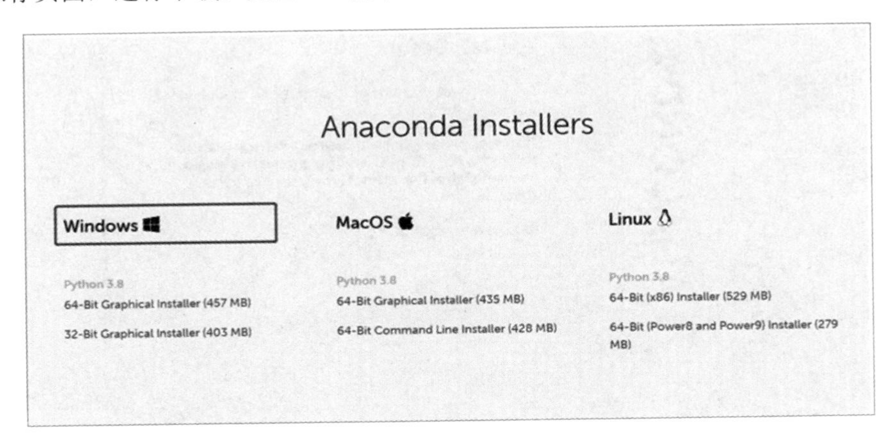

图 2-4

Step5：将安装文件下载到计算机中，因为该网站是国外的，而且文件比较大，所以下载速度会比较慢。

Step6：鼠标双击下载好的安装程序进行安装，如果弹出安全警告，点击“运行”按钮即可，如图 2-5 所示。

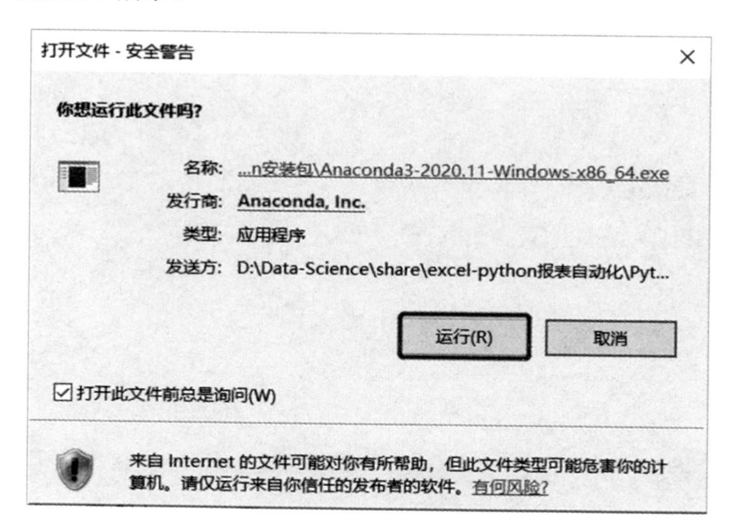

图 2-5

Step7：点击“Next”按钮，如图 2-6 所示。

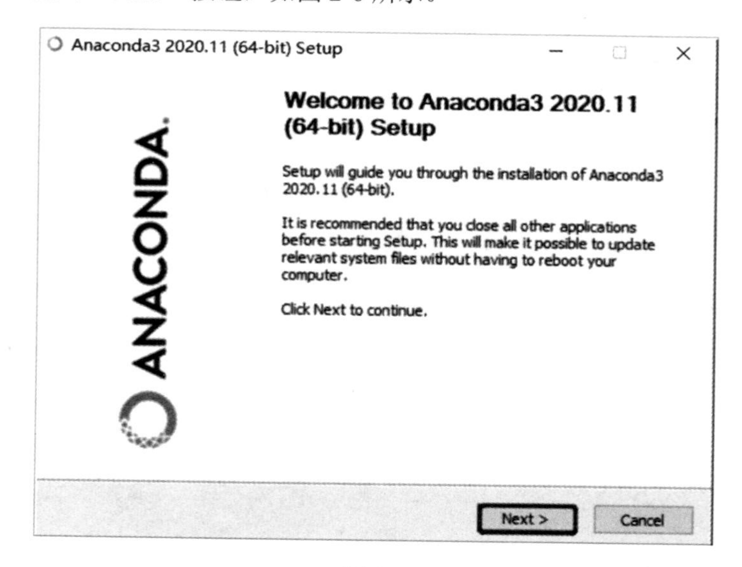

图 2-6

Step8：点击“I Agree”按钮，表示同意该软件的使用协议，如图 2-7 所示。

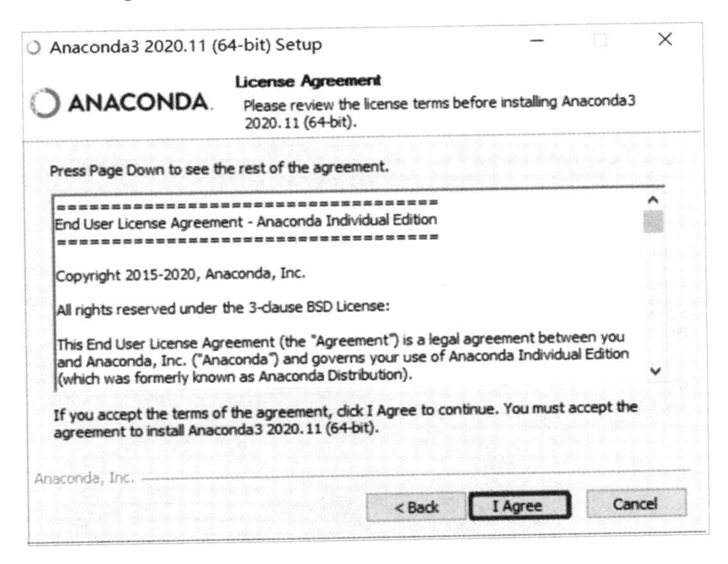

图 2-7

Step9：选择“Just Me（recommended）”单选项，点击“Next”按钮，如图 2-8 所示。

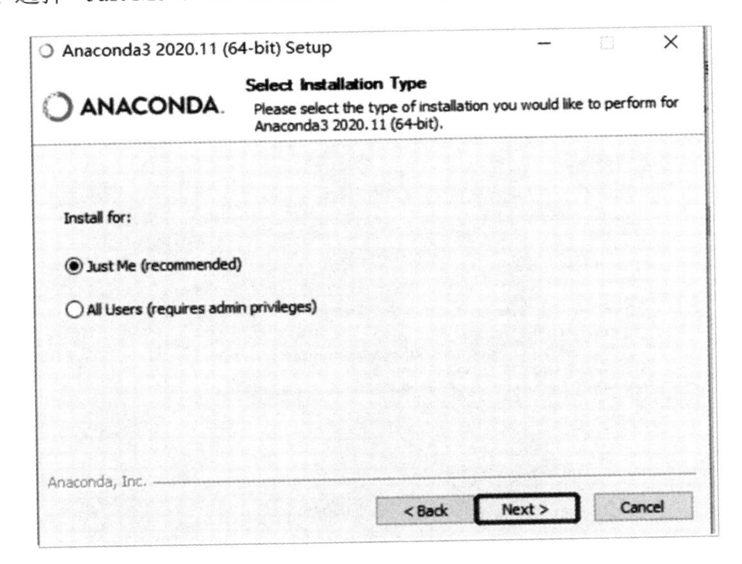

图 2-8

Step10：选择安装路径。这里选择默认路径即可，点击“Next”按钮，如图 2-9 所示。

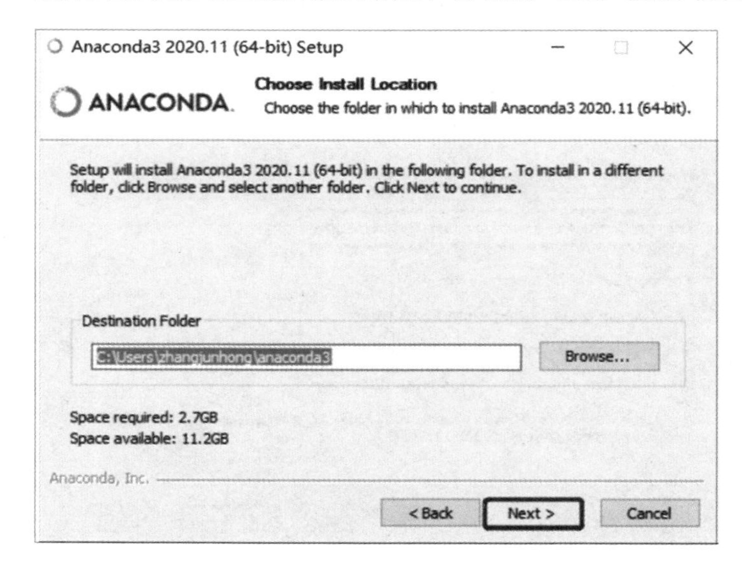

图 2-9

Step11：勾选图 2-10 中框住的复选框，然后点击“Install”按钮。

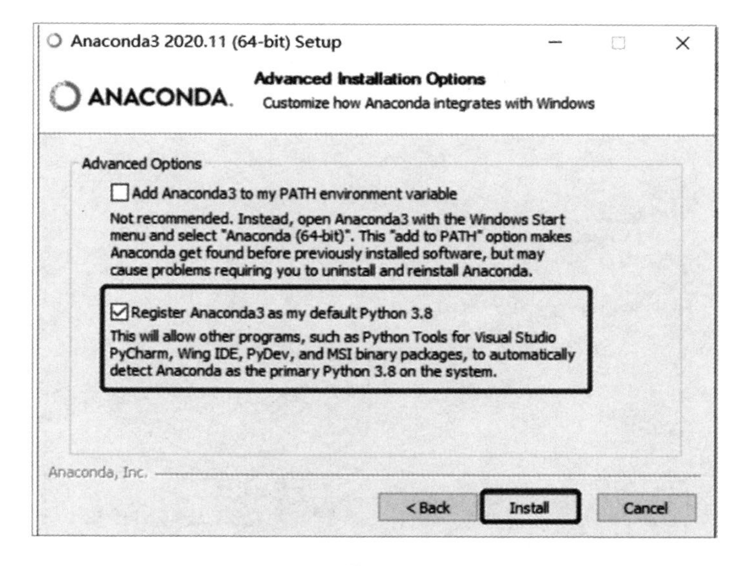

图 2-10

Step12：开始安装，等进度条走完以后，点击“Next”按钮，如图 2-11 所示。

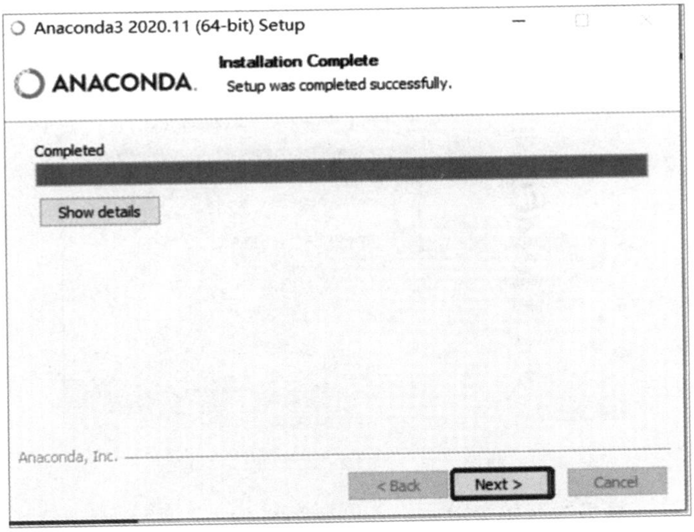

Anaconda3 2020.11 (64-bit) Setup
ANACONDA.
Installation Complete
Setup was completed successfully.
Completed
Show details
Anaconda, Inc.
< Back
Next >
Cancel

图 2-11

Step13：继续点击“Next”按钮，如图 2-12 所示。

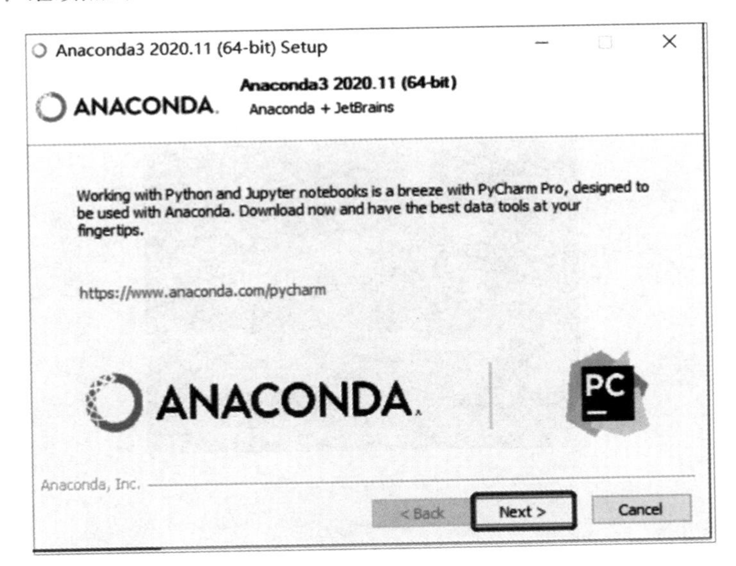

图 2-12

Step14：图 2-13 所示两个复选框表示是否打开 Anaconda 的使用手册和对 Anaconda 进行一些初步设置，可以勾选，也可以取消勾选。如果取消勾选就不会打开了。然后点击“Finish”按钮。

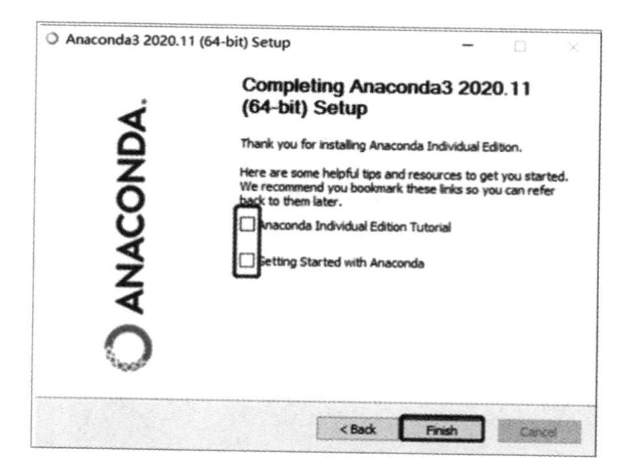

图 2-13

Step15：在计算机的开始菜单中会看到如图 2-14 所示的几个新添加的程序，表示 Python 已经安装好了，选择“Jupyter Notebook（anaconda3）”，会弹出一个黑框，按下 Enter 键，会提示你选择用哪个浏览器打开，建议选择 Chrome 浏览器。如果没有 Chrome 浏览器，则可以先下载安装一个。

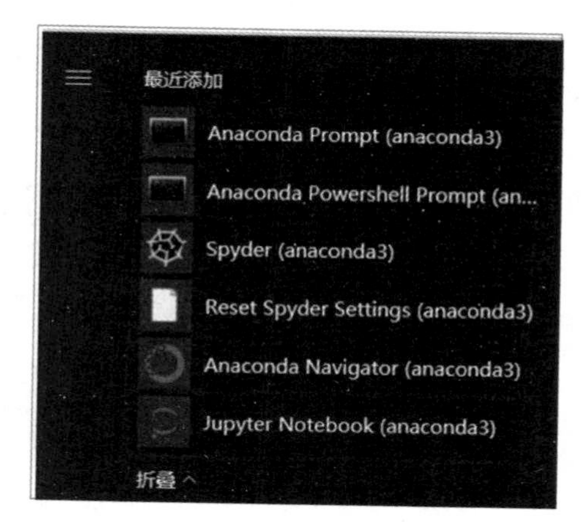

图 2-14

如果没有出现 Jupyter Notebook（anaconda3），只有 Anaconda Promt（anaconda3），则说明安装失败了，主要原因是安装包和系统某些文件不兼容。这时需要将已经安装的程序卸载重装，如果之前计算机中已经安装过 Python，也一并进行卸载。

Step16：当你看到如图 2-15 所示界面出现时，表示 Anaconda 已经安装好了。

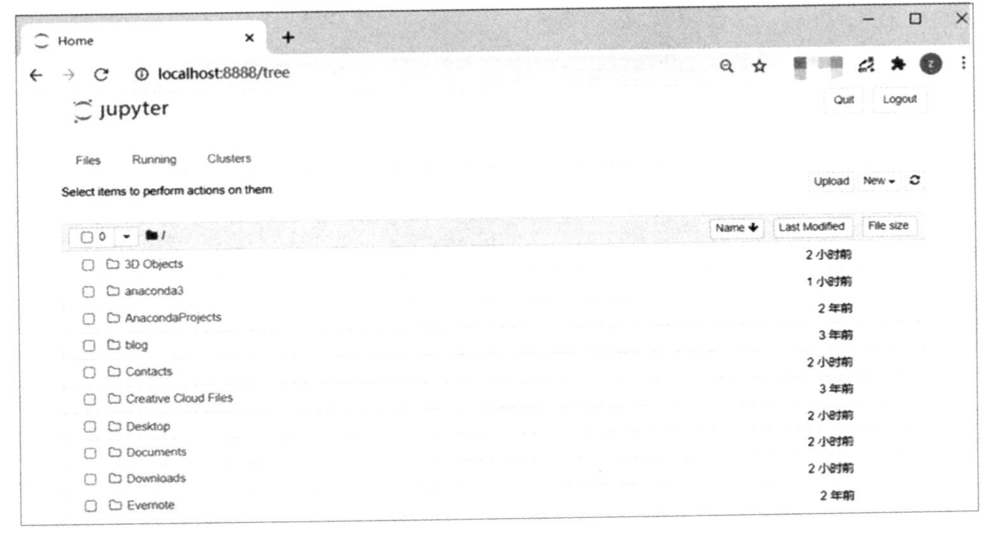

图 2-15

2．MacOS 系统安装

在 MacOS 系统中安装 Anaconda 的具体流程如下。

Step1：选择 MacOS 版本下的“64-Bit Graphical Installer（435MB）”，如图 2-16 所示。在该步骤之前的操作与在 Windows 系统中的操作一致。

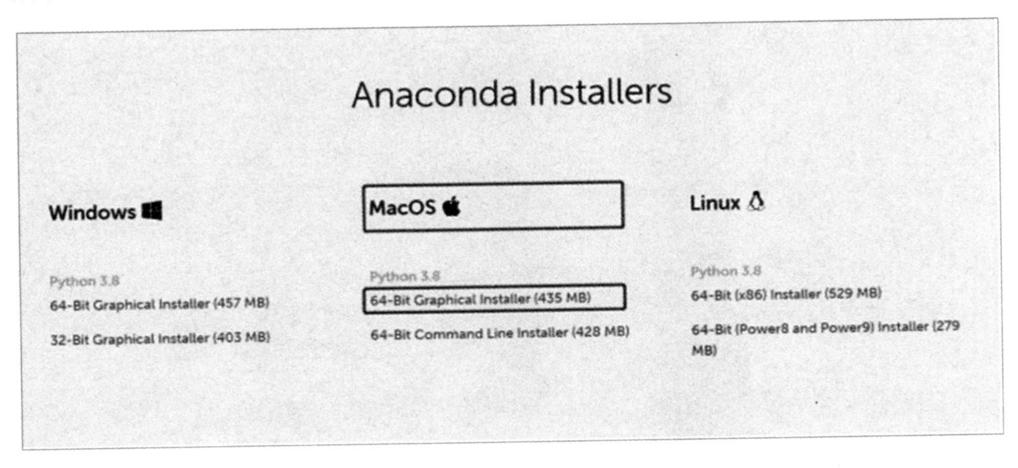

图 2-16

Step2：下载完成以后，双击打开，如果有弹出如图 2-17 所示的提示框就点击“继续”按钮，如果没有弹出就直接进入下一步。

图 2-17

Step3：点击“继续”按钮，如图 2-18 所示。

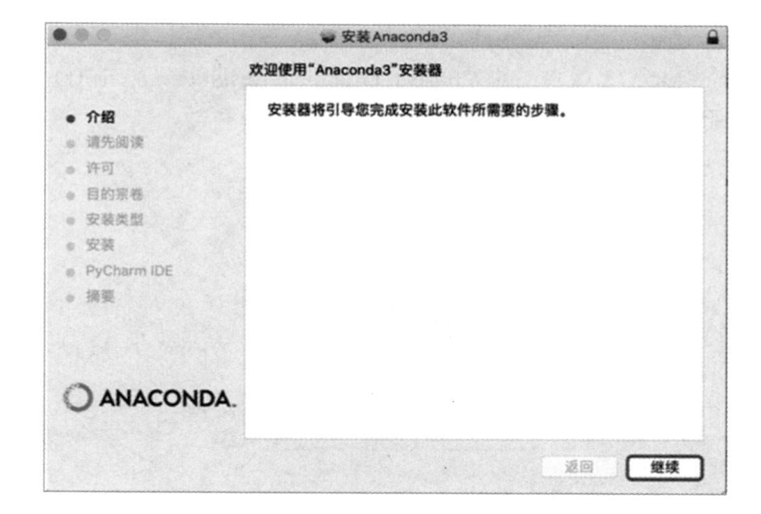

图 2-18

Step4：阅读软件许可协议，点击“继续”按钮即可，如图 2-19 所示。

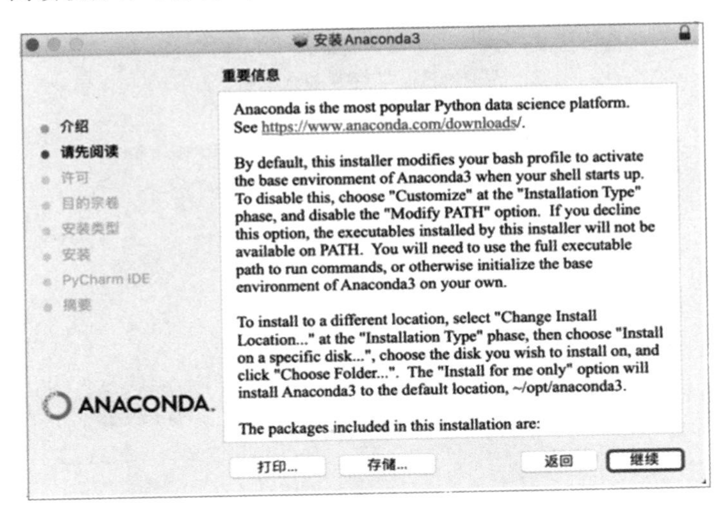

图 2-19

Step5：同意软件许可协议，点击“继续”按钮即可，如图 2-20 所示。

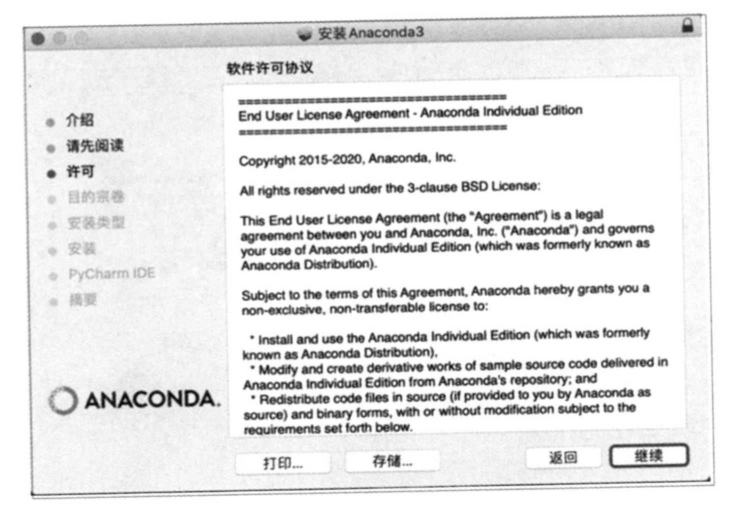

图 2-20

Step6：选择安装位置，一般选择默认路径，点击“安装”按钮，如图 2-21 所示。

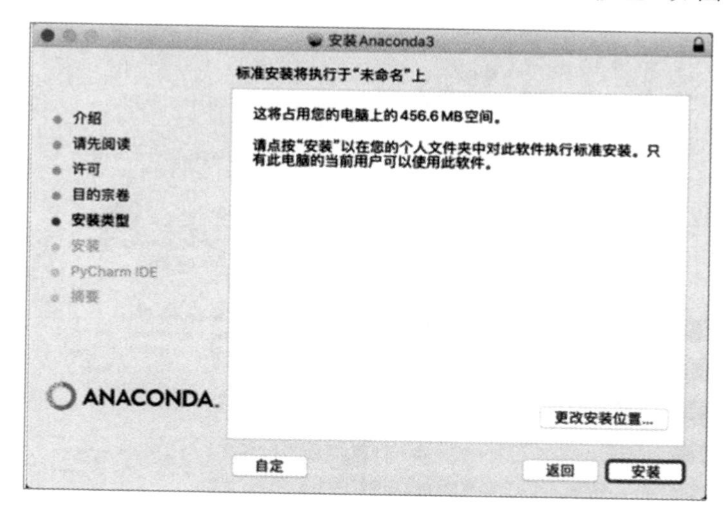

图 2-21

Step7：弹出一页广告，提示你可以下载 PyCharm，直接点击“继续”按钮进入下一步，如图 2-22 所示。

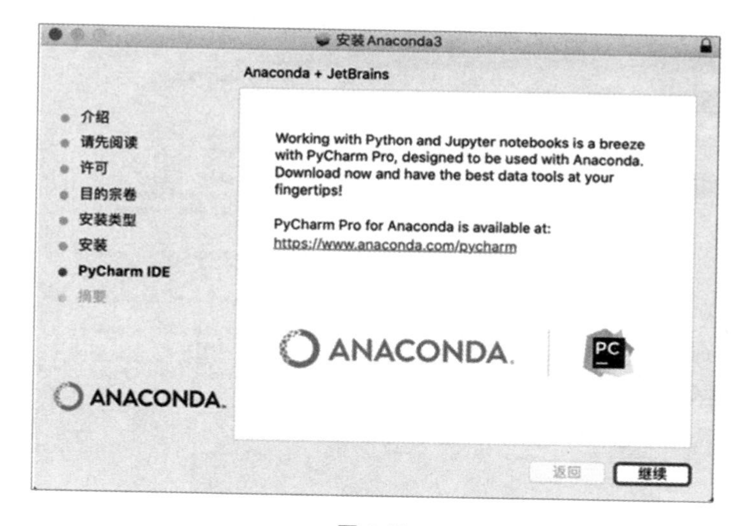

图 2-22

Step8：点击“同意”按钮，如图 2-23 所示。

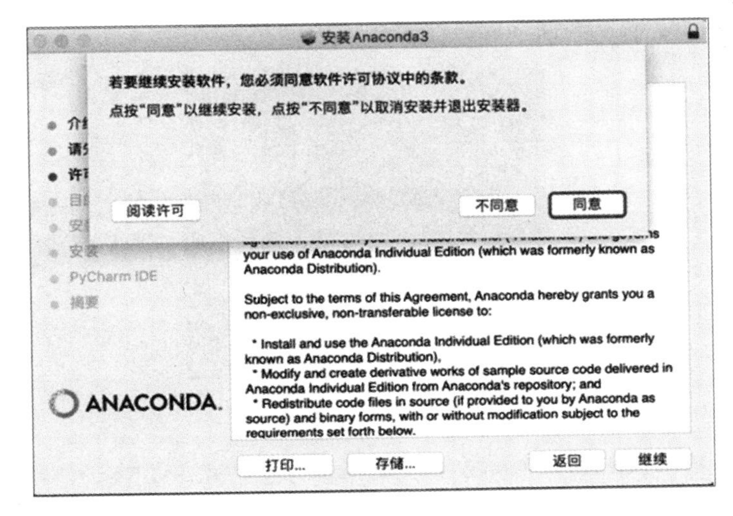

图 2-23

Step9：等进度条走完以后点击“关闭”按钮，如图 2-24 所示。

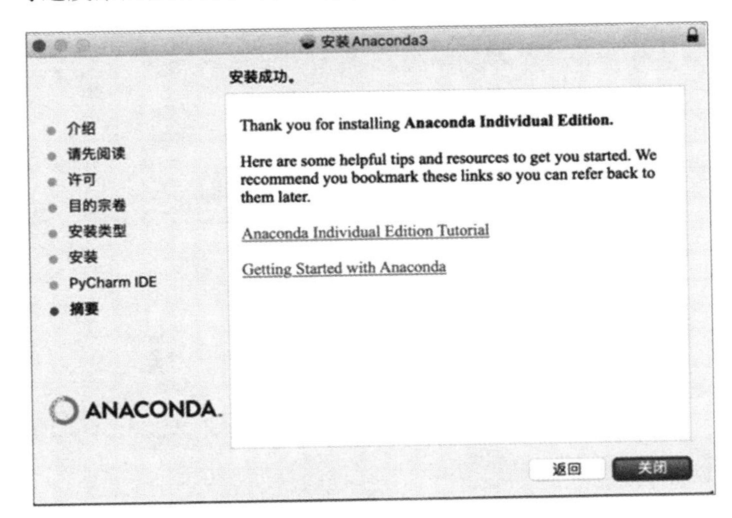

图 2-24

Step10：等安装完成以后，会在 Mac 的启动台看到 Anaconda-Navigator 这个软件，点击打开，如图 2-25 所示。

图 2-25

Step11：点击 Jupyter Notebook 下方的 Launch，表示启动 Notebook，这时就会出现和 Windows 系统中一样的界面，表示整个流程安装完成，如图 2-26 所示。

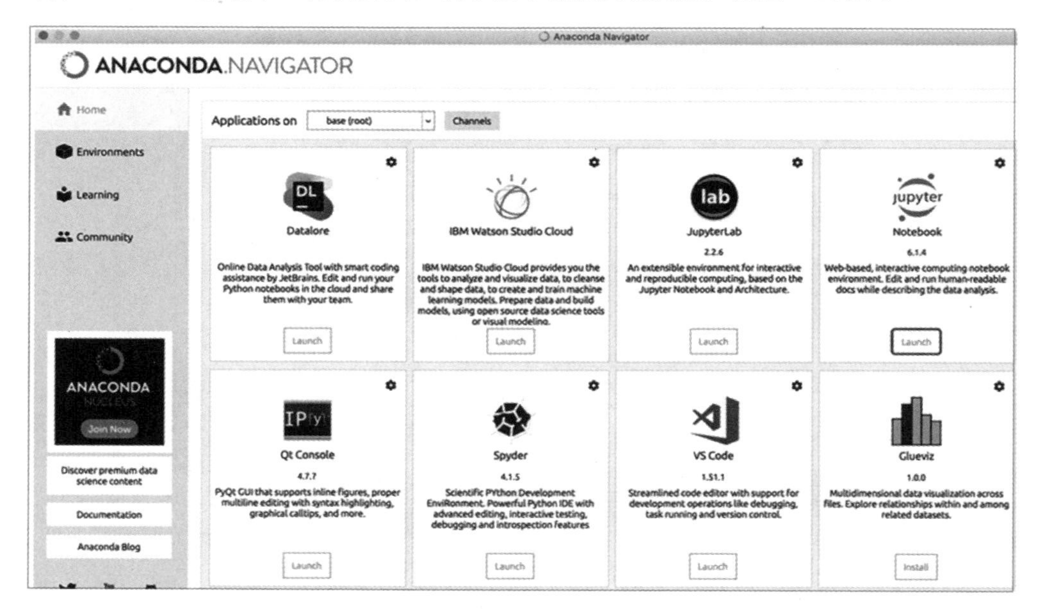

图 2-26

2.2.2 IDE 与 IDLE

下面介绍一下程序编写的步骤：

编写代码→编译代码→调试代码

在程序运行的过程中，我们首先需要一个编辑器来编写代码；编写完以后需要一个编译器把代码编译给计算机，让计算机去执行；代码在运行过程中难免会出现一些错误，这时就需要调试器去调试代码。

IDE（Integrated Development Environment，集成开发环境）是用于提供程序开发环境的应用程序，该程序一般包括代码编辑器、编译器、调试器和图形用户界面等工具。IDE 包含了程序编写过程中需要用到的所有工具，所以我们在编写程序时一般都会选择使用 IDE。

IDLE 是 IDE 的一种，也是最简单、最基础的一种 IDE。当然，IDE 不止有一种 IDLE，还有 Visual Studio（VS）、PyCharm、Xcode、Spyder、Jupyter Notebook 等。

在数据分析领域，大家用得比较多的是 Jupyter Notebook，所以本书也选择使用 Jupyter Notebook。

2.3 Jupyter Notebook 介绍

2.3.1 新建 Jupyter Notebook 文件

在开始界面选择 Jupyert Notebook，如图 2-27 所示。

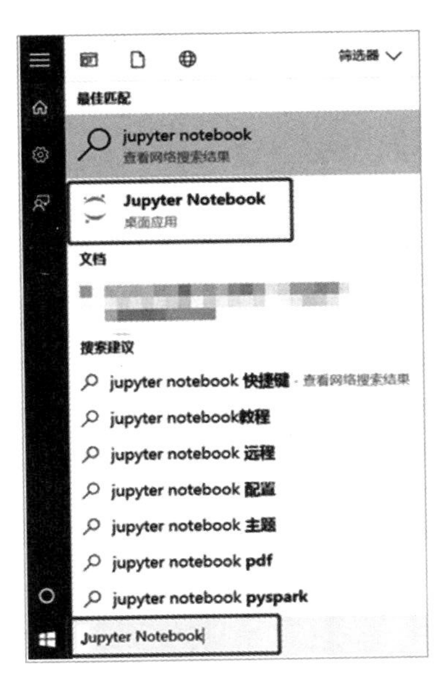

图 2-27

打开 Jupyter Notebook，点击右上角的“New”按钮，我们这里创建的是 Python 文件，所以在弹出的下拉菜单中选择“Python3”，你也可以选择“Text File”来创建一个 TXT 文件，如图 2-28 所示。

图 2-28

当你看到如图 2-29 所示界面时，就表示新建了一个 Jupyer Notebook 文件。

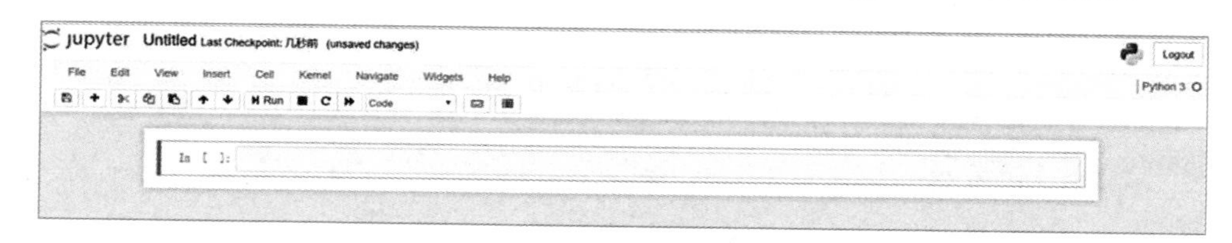

图 2-29

2.3.2 运行你的第一段代码

在代码框中输入一段代码 print("hello world")，然后点击“Run”按钮，或者按下 Ctrl + Enter 组合键，就会输出 hello world，表示这段代码运行成功了。当你想换一个代码框输入代码时，则可以点击“+”号新增代码框，如图 2-30 所示。

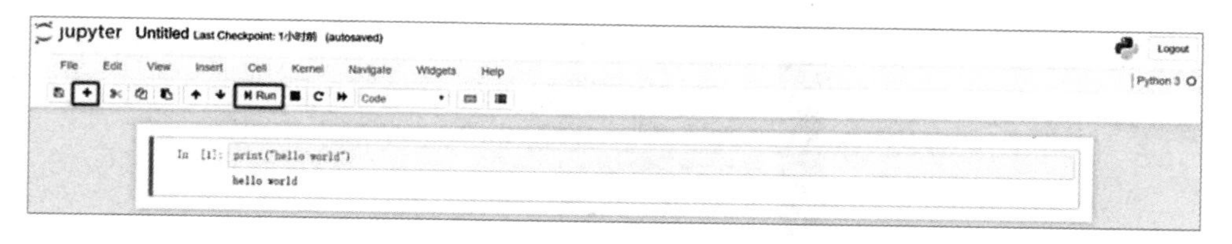

图 2-30

2.3.3 重命名 Jupyter Notebook 文件

当新建一个 Jupyter Notebook 文件时，该文件名默认为 Untitled，这与 Excel 中文件名默认为工作簿类似，可以选择“File>Rename”命令对该文件进行重命名，如

图 2-31 所示。

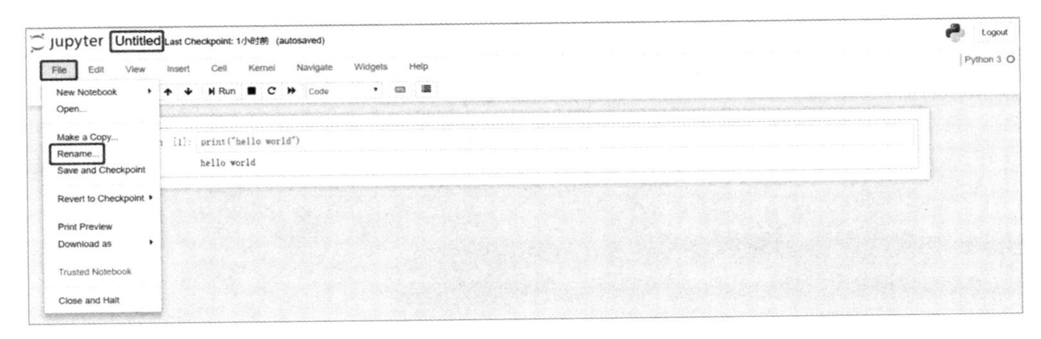

图 2-31

2.3.4　保存 Jupyter Notebook 文件

代码写好了，文件名也改好了，这时就可以对该代码文件进行保存了。选择“File>Save and Checkpoint”命令保存文件，如图 2-32 所示。这种方法会将文件保存到默认路径，且文件格式也默认为.ipynb。.ipynb 格式是 Jupyter Notebook 的专属文件格式。

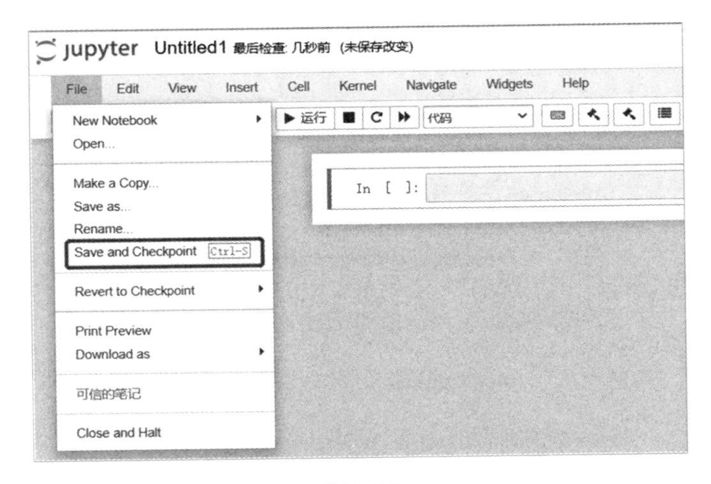

图 2-32

我们可以选择“Download as”命令对文件进行保存，相当于 Excel 中的“另存为”命令，你可以自己选择保存路径以及保存格式，如图 2-33 所示。

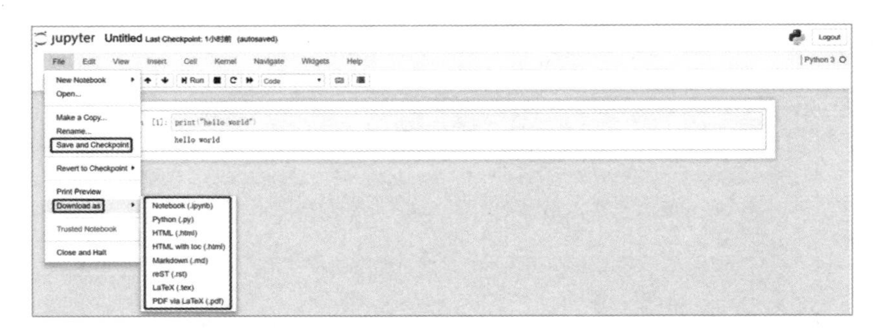

图 2-33

2.3.5 导入本地 Jupyter Notebook 文件

当你收到一个.ipynb 文件时，如何在电脑中打开该文件呢？这时可以点击“Upload”按钮，找到文件所在位置，从而将文件加载到电脑的 Jupyter Notebook 中，如图 2-34 所示。

图 2-34

这个功能和 Excel 中的“打开”命令是类似的，如图 2-35 所示。

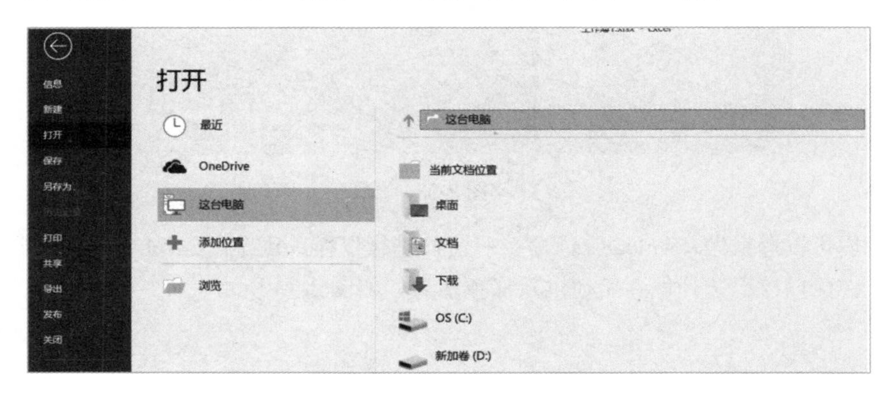

图 2-35

2.3.6 Jupyter Notebook 与 Markdown

Jupyter Notebook 的代码框默认为 Code 模式，即是用于编程的；你也可以切换到 Markdown 模式，这时代码框就只是一个文本框，这个文本框的内容是支持 Markdown 语法的，如图 2-36 所示。

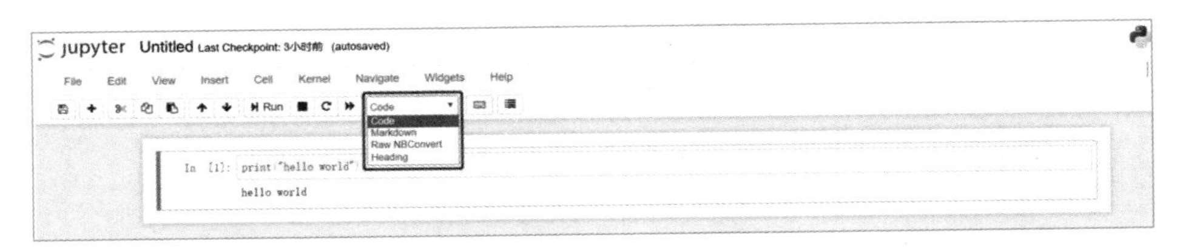

图 2-36

当你在做分析时，可以利用 Markdown 写下分析结果，这也是 Jupyter Notebook 受到广大数据从业者喜欢的一个原因，如图 2-37 所示。

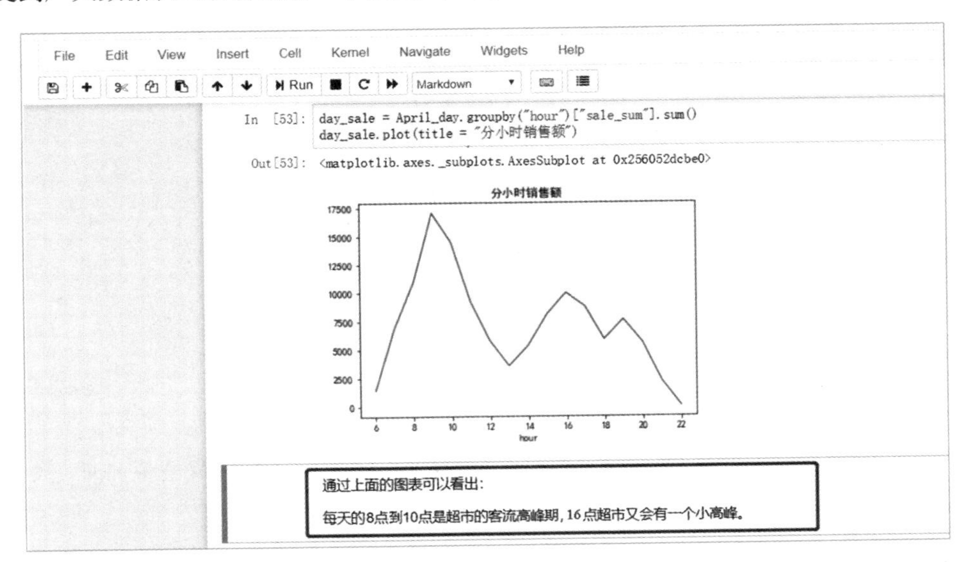

图 2-37

2.4 基本概念

2.4.1 数

数就是我们日常生活中用到的数字，在 Python 中比较常用的是整数和浮点数两种，如表 2-1 所示。

表 2-1

类　型	符　号	概　念	示　例
整数	int	一般我们生活中用到的整数	1、2、3……
浮点数	float	带有小数点的数	1.1、2.2、3.3……

我们可以通过有没有小数点来判断一个数字是整数还是浮点数，例如，66 是整数，66.0 是浮点数。

2.4.2 变量

变量即变化的量，可以把它理解成一个容器，这个容器里可以存放（存储）各种东西（数据），里面的东西是可以变化的。在计算机中有很多个用来存放不同数据的容器，为了区分不同的容器，我们需要给这些容器起名字，也就是变量名，可以通过变量名来访问变量。

比如，图 2-38 所示的 4 瓶罐头就是 4 个容器，即 4 个变量，我们依次给它们取名为黄桃罐头、草莓罐头、桔子罐头、菠萝罐头。这样通过变量名就可以获取到具体是哪个变量。

图 2-38

变量名就和我们起名字一样，是有一定讲究的，在 Python 中定义变量名时，需要遵循以下原则。

- 变量名必须以字母或下画线开始，名字中间只能由字母、数字和下画线“_”组成。
- 变量名的长度不得超过 255 个字符。
- 变量名在有效的范围内必须是唯一的。
- 变量名不能是 Python 中的关键字。

Python 中的关键字如下。

```
and        elif      import    return
as         else      in        try
assert     except    is        while
```

```
break               finally             lambda              with
class               for                 not                 yield
continue            from                or
def                 global              pass
del                 if                  raise
```

变量名是区分大小写的，也就是 Var 和 var 代表两个不同的变量。

2.4.3　标识符

标识符用于标识某样东西的名字，在 Python 中用来标识变量名、符号常量名、函数名、数组名、文件名、类名、对象名等。

标识符的命名需要遵循的规则与变量名命名遵循的规则一致。

2.4.4　数据类型

Python 中的数据类型主要有数和字符串两种，其中数包括整型和浮点型。可以使用 type()函数来看查具体值的数据类型。

需要注意的是，下面代码中的“---”为分隔符，该分隔符上面为输入的代码，下面为代码的运行结果，该规则适用于第 2 章。

```
type(1)
---
int

type(1.0)
---
float

type("hello world")
---
str
```

1 是整型，type(1)的运行结果为 int。1.0 是浮点型，type(1.0)的运行结果为 float。"hello world"是字符串，type("hello world")的运行结果为 str。

2.4.5　输出与输出格式设置

在 Python 中我们利用 print()函数进行输出。

```
print("hello world")
---
hello world
```

有时需要设置输出格式，可以使用 str.format()方法。其中，str 是一个字符串，将 format 里的内容填充到 str 字符串的{}中，常用的主要有以下几种形式。

1. 一对一填充

```
print('我正在学习:{}'.format('python 基础知识'))
---
我正在学习:python 基础知识
```

2. 多对多填充

```
print('我正在学习:{}中的{}'.format('python 数据分析','python 基础知识'))
---
我正在学习:python 数据分析中的 python 基础知识
```

3. 浮点数置

.2f 表示以浮点型展示，且输出保留小数点后两位，这里的数字 2 表示输出后保留的小数点位数，读者可以根据需要进行设置。

```
print("{}约{:.2f}亿".format("2018 年中国单身人数",2))
---
2018 年中国单身人数约 2.00 亿
```

4. 百分数设置

.2%表示以百分比的形式展示，且输出保留小数点后两位，这里的数字 2 表示输出后保留的小数点位数，读者可以根据需要进行设置。

```
print("中国男性比例:{:.2%}".format(0.519))
---
中国男性比例:51.90%
```

2.4.6 缩进与注释

1. 缩进

我们把代码行首的空白部分称为缩进，缩进的目的是为了识别代码块，即让程序知道应该运行哪一部分。比如 if 条件语句，缩进是为了让程序知道当条件满足时应该执行哪一块语句。在其他语言中一般用花括号{}表示缩进。行首只要有空格就算缩进，不管有几个，但是通常来说都是以 4 个空格作为缩进的，这样也方便其他人阅读代码。

Python 中的函数、条件语句、循环语句中的语句块都需要缩进，如图 2-39 所示。

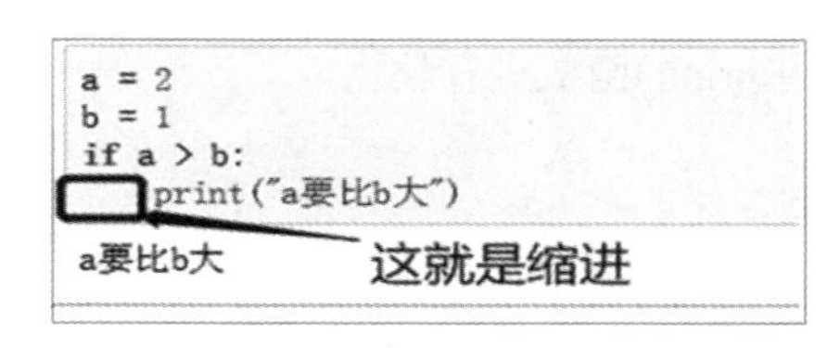

图 2-39

2. 注释

注释是对代码起到说明的作用，并不真正运行。单行注释以“#”号开头。

```
#这是单行注释，不执行
print("hello world")
---
hello world
```

多行注释可以用多个“#”号，还有“'''”和“"""”。

```
#这是多行注释的第一行
#这是多行注释的第二行

'''
这是多行注释的第一行
这是多行注释的第二行
'''

"""
这是多行注释的第一行
这是多行注释的第二行
"""
print("hello world")
---
hello world
```

2.5 字符串

2.5.1 字符串概念

字符串是由零个或多个字符组成的有限串行，用单引号或者双引号括起来，符号是 str（string 的缩写）。下面这些都是字符串。

```
"hello world"
"黄桃罐头"
"桔子罐头"
"python"
"123"
```

2.5.2 字符串连接

字符串的连接是一个比较常见的需求，比如将姓和名进行连接。直接使用“+”操作符可以将两个或者两个以上的字符串进行连接。

```
"张" + "俊红"
---
'张俊红'
```

2.5.3 字符串复制

有时我们需要把一个字符串重复多遍，比如你想说“Python 真强大”，现在不是流行重要的事情说 3 遍吗，那么你要把“Ppython 真强大”这句话重复 3 遍，该怎么做呢？可以使用“*”操作符，对字符串进行重复。

```
"Python 真强大"*3
---
'Python 真强大 Python 真强大 Python 真强大'
```

上面代码是将字符串重复 3 遍，*3 就可以。你可以根据自己的需要，重复多遍。

2.5.4 字符串长度

手机号、身份证号、姓名都是一个字符串，我们想要知道这些字符串的长度，可以利用 len()来获取字符串长度。

```
#注：以下号码为随机生成

#获取身份证号长度
len("110101199003074477")
---
18

#获取手机号长度
len("13013989981")
---
11

#获取姓名长度
len("张俊红")
---
3
```

2.5.5 字符串查找

字符串查找是指查找某一个字符串是否包含在另一个字符串中，比如你知道一个用户名，想知道这个用户是不是测试账号（测试账号的判断依据是名字中包含“测试”两字），那么只需要在名字中查找"测试"这个字符串即可。如果查找到，则说明该用户是测试账号；如果查找不到，则说明不是测试账号。用 in 或者 not in 两种方法都可以。

```
"测试" in "新产品上线测试号"
---
True

"测试" in "我是一个正常用户"
---
False

"测试" not in "新产品上线测试号"
---
False

"测试" not in "我是一个正常用户"
---
True
```

除了 in 或 not in，我们还可以用 find()方法，当用 find()来查找某一字符是否存在于某个字符串中时，如果存在则返回该字符的具体位置，如果不存在则返回-1。

```
#字符 c 在字符串 Abc 中的第 3 位
"Abc".find("c")
---
2
```

注意：因 Python 中位置是从 0 开始数的，所以第 3 位就是 2。

```
#字符 d 不存在于字符串 Abc 中
"Abc".find("d")
---
-1
```

2.5.6 字符串索引

字符串索引是指通过字符串中值所处的位置对值进行选取。需要注意的是，字符串中的位置是从 0 开始的。

获取字符串中第 1 个位置的值。

```
a = "python 数据分析"
a[0]
---
'p'
```

获取字符串中第 4 个位置的值。

```
a = "python 数据分析"
a[3] #获取字符串中第 4 个位置的值
'h'
```

获取字符串中第 2 个位置到第 4 个位置之间的值，且不包含第 4 个位置的值。

```
a = "python 数据分析"
a[1:3]
---
'yt'
```

获取字符串中第 1 个位置到第 4 个位置之间的值，且不包含第 4 个位置的值，第 1 个位置 0 可以省略不写。

```
a = "python 数据分析"
a[:3]
---
'pyt'
```

获取字符串中第 7 个位置到最后一位之间的值，最后一位可以省略不写。

```
a = "python 数据分析"
a[6:]
---
'数据分析'
```

获取字符串中最后一位的值。

```
a = "python 数据分析"
a[-1]
---
'析'
```

我们把上面这种通过具体某一个位置获取该位置的值的方式称为普通索引；通过某一位置区间获取该位置区间内的值的方式称为切片索引。

2.5.7 字符串分隔

字符串分隔是将一个字符按照某个分隔符进行分隔开来，最后将分隔开后的值以列表的形式返回，用到的是 split()方法。

```
#将字符串"a,b,c"用逗号进行分隔
"a,b,c".split(",")
---
['a', 'b', 'c']

#将字符串"a|b|c"用|进行分隔
"a|b|c".split("|")
---
['a', 'b', 'c']
```

2.5.8 字符删除

字符删除用到的方法是 strip()，该方法用来移除字符串首尾的指定字符，默认移除字符串首尾的空格或换行符。

```
#移除空格
" a ".strip()
---
'a'

#移除换行符
"\ta\t ".strip()
---
'a'

#移除指定字符 A
"AaA".strip("A")
---
'a'
```

2.6 数据结构——列表

2.6.1 列表概念

列表（list）是用来存储一组有序数据元素的数据结构，元素之间用**逗号分隔**。列表中的数据元素应该包括在**方括号**中，而且列表是**可变**的数据类型。一旦创建了一个列表，就可以**添加**、**删除**或者**搜索**列表中的元素。在方括号中的数据可以是 int 型，也可以是 str 型。

2.6.2 新建一个列表

新建列表的方法比较简单，直接将数据元素用方括号括起来即可。

1. 建立一个空列表

当方括号中没有任何数据元素时，列表就是一个空列表。

```
null_list = []
```

2. 建立一个 int 类型列表

当方括号的数据元素全部为 int 类型时，这个列表就是 int 类型列表。

```
int_list = [1,2,3]
```

3. 建立一个 str 类型列表

当方括号中的数据元素全部为 str 类型时，这个列表就是 str 类型列表。

```
str_list = ["a","b","c"]
```

4. 建立一个 int+str 类型列表

当方括号中的数据元素既有 int 类型，又有 str 类型时，这个列表就是 int+str 类型。

```
int_str_list = [1,2,"a","b"]
```

2.6.3 列表复制

列表的复制和字符串的复制类似，也是使用"*"操作符。

```
int_list = [1,2,3]
int_list*2
---
[1,2,3,1,2,3]

str_list = ["a","b","c"]
str_list*2
---
['a', 'b', 'c', 'a', 'b', 'c']
```

2.6.4 列表合并

列表的合并就是将两个现有的 list 合并在一起，主要有两种实现方式：一种是利用"+"操作符，这个和字符串的连接一致；另外一种是用 extend()方法。

直接将两个列表用"+"操作符连接即可达到合并的目的，列表的合并是有先后顺序的。

```
int_list = [1,2,3]
str_list = ["a","b","c"]
int_list + str_list
---
[1, 2, 3, 'a', 'b', 'c']

str_list + int_list
---
['a', 'b', 'c', 1, 2, 3]
```

将列表 B 合并到列表 A 中，用到的方法是 A.extend(B)；将列表 A 合并到列表 B 中，用到的方法是 B.extend(A)。

```
int_list = [1,2,3]
str_list = ["a","b","c"]
int_list.extend(str_list)
int_list
```

```
---
[1, 2, 3, 'a', 'b', 'c']

int_list = [1,2,3]
str_list = ["a","b","c"]
str_list.extend(int_list)
str_list
---
['a', 'b', 'c', 1, 2, 3]
```

2.6.5　向列表中插入新的元素

列表是可变的，也就是当新建一个列表以后还可以对这个列表进行操作，这里对列表进行插入数据元素的操作，主要有 append()和 insert()两种方法。这两种方法都会直接改变原列表，不会直接输出结果，需要调用原列表的列表名来获取插入新元素以后的列表。

append()是在列表末尾插入新的数据元素。

```
int_list = [1,2,3]
int_list.append(4)
int_list
---
[1,2,3,4]

str_list = ["a","b","c"]
str_list.append("d")
str_list
---
['a', 'b', 'c', 'd']
```

insert()是在列表的指定位置插入新的数据元素。

```
int_list = [1,2,3]
int_list.insert(3,4)#表示在第 4 个位置插入元素 4
int_list
---
[1,2,3,4]

int_list = [1,2,3]
int_list.insert(2,4)#表示在第 3 个位置插入元素 4
int_list
---
[1,2,4,3]
```

2.6.6　获取列表中值出现的次数

获取某个值在列表中出现的次数，利用的是 count()方法。

全校成绩排名前 5 的 5 个学生对应的班级组成一个列表，你想看一下你所在的班级（一班）有几个人在这个列表中。

```
score_list = ["一班","一班","三班","二班","一班"]
score_list.count("一班")
---
3
```

2.6.7 获取列表中值出现的位置

获取值出现的位置，就是看该值位于列表的哪里。

已知公司的所有销售员的业绩是按降序排列的，你想看一下你的业绩排在第几位。

```
sale_list = ["倪凌晓","侨星津","曹觅风","杨新竹","王元菱"]
sale_list.index("杨新竹")
---
3
```

上面代码的输出结果是 3，也就是你的业绩排在第 4 位。

2.6.8 获取列表中指定位置的值

获取指定位置的值利用的方法和字符串索引是一致的，主要有普通索引和切片索引两种。

1. 普通索引

普通索引是获取某一特定位置的数。

```
v = ["a","b","c","d","e"]
v[0]#获取第 1 个位置的数
---
'a'

v[3]#获取第 4 个位置的数
---
'd'
```

2. 切片索引

切片索引是获取某一位置区间内的数。

```
i = ["a","b","c","d","e"]
i[1:3]#获取第 2 位到第 4 位的数，且不包含第 4 位
---
['b', 'c']

i[:3]#获取第 1 位到第 4 位的数，且不包含第 4 位
```

```
---
['a', 'b', 'c']

i[3:]#获取第 4 位到最后一位的数
---
['d', 'e']
```

2.6.9　对列表中的值进行删除

对列表中的值进行删除时，有 pop()和 remove()两种方法。

pop()方法是根据列表中的位置进行删除，也就是删除指定位置的值。

```
str_list = ["a","b","c","d"]
str_list.pop(1)#删除第 2 个位置的值
str_list
---
['a', 'c', 'd']
```

remove()方法是根据列表中的元素进行删除，就是删除某一个元素。

```
str_list = ["a","b","c","d"]
str_list.remove("b")
str_list
---
['a', 'c', 'd']
```

2.6.10　对列表中的值进行排序

对列表中的值排序利用的是 sort()方法，sort()默认采用升序排列。

```
s = [1,3,2,4]
s.sort()
s
---
[1,2,3,4]
```

2.7　数据结构——字典

2.7.1　字典概念

字典（dict）是一种键值对的结构，类似于你通过联系人名字查找地址和联系人详细情况的地址簿，即我们把键（名字）和值（详细情况）联系在一起。注意，**键必须是唯一的**，就像如果有两个人恰巧同名，就无法找到正确的信息。

键值对在字典中以这样的方式标记：{key1:value1,key2:value2}。注意，它们的键值用**冒号**分隔，而各个对用逗号分隔，所有这些都包括在**花括号**中。

2.7.2 新建一个字典

先创建一个空的字典，然后向该字典内输入值。下面新建一个通讯录。

```
test_dict={}
test_dict["张三"]=13313581900
test_dict["李四"]=15517896750
test_dict
---
{'张三': 13313581900, '李四': 15517896750}
```

将值直接以键值对的形式传入字典中。

```
test_dict = {'张三': 13313581900, '李四': 15517896750}
test_dict
---
{'张三': 13313581900, '李四': 15517896750}
```

将键值以列表的形式存放在元组中，然后用 dict 进行转换。

```
contact=(["张三",13313581900],["李四",15517896750])
test_dict=dict(contact)
test_dict
---
{'张三': 13313581900, '李四': 15517896750}
```

2.7.3 字典的 keys()、values()和 items()方法

keys()方法用来获取字典内的所有键。

```
test_dict = {'张三': 13313581900, '李四': 15517896750}
test_dict.keys()
---
dict_keys(['张三', '李四'])
```

values()方法用来获取字典内的所有值。

```
test_dict = {'张三': 13313581900, '李四': 15517896750}
test_dict.values()
---
dict_values([13313581900, 15517896750])
```

items()方法用来得到一组一组的键值对。

```
test_dict = {'张三': 13313581900, '李四': 15517896750}
test_dict.items()
---
dict_items([('张三', 13313581900), ('李四', 15517896750)])
```

2.8 数据结构——元组

2.8.1 元组概念

元组与列表类似，不同之处在于元组的元素不能修改。元组使用圆括号，列表使用方括号。

2.8.2 新建一个元组

元组的创建比较简单，直接将一组数据元素用圆括号括起来即可。

```
tup = (1,2,3)
tup
---
(1,2,3)

tup = ("a","b","c")
tup
---
('a', 'b', 'c')
```

2.8.3 获取元组的长度

获取元组长度的方法与获取列表长度的方法是一致的，都是 len()方法。

```
tup = (1,2,3)
len(tup)
---
3

tup = ("a","b","c")
len(tup)
---
3
```

2.8.4 获取元组内的元素

获取元组内元素的方法也主要分为普通索引和切片索引两种。

1. 普通索引

```
tup = (1,2,3,4,5)
tup[2]
---
3

tup = (1,2,3,4,5)
tup[3]
```

```
---
4
```

2. 切片索引

```
tup = (1,2,3,4,5)
tup[1:3]
---
(2,3)

tup[:3]
---
(1,2,3)

tup[1:]
---
(2,3,4,5)
```

2.8.5 元组与列表相互转换

元组和列表是两种很相似的数据结构，两者经常互相转换。

使用 list()方法将元组转化为列表。

```
tup = (1,2,3)
list(tup)
---
[1,2,3]
```

使用 tuple()方法将列表转化为元组。

```
t_list = [1,2,3]
tuple(t_list)
---
(1,2,3)
```

2.8.6 zip()函数

zip()函数用于将可迭代的对象（列表、元组）作为参数，将对象中对应的元素打包成一个个元组，然后返回由这些元组组成的列表。常与 for 循环一起搭配使用。

当可迭代对象是列表时：

```
list_a = [1,2,3,4]
list_b = ["a","b","c","d"]
for i in zip(list_a,list_b):
print(i)
---
(1, 'a')
(2, 'b')
(3, 'c')
(4, 'd')
```

当可迭代对象是元组时：

```
list_a = (1,2,3,4)
list_b = ("a","b","c","d")
for i in zip(list_a,list_b):
print(i)
---
(1, 'a')
(2, 'b')
(3, 'c')
(4, 'd')
```

2.9 运算符

2.9.1 算术运算符

算术运算符就是常规的加减乘除类运算，如表 2-2 所示。

表 2-2

运算符	描　述	示　例
+	两数相加	10 + 20 = 30
-	两数做差	10 - 20 = -10
*	两数相乘或返回一个被重复多次的列表/字符串	10 * 20 = 200
/	两数相除	10 / 20 = 0.5
%	返回两数相除的余数	10 % 20 = 10
**	返回 x 的 y 次幂	10 ** 20 = 100000000000000000000
//	返回两数相除以后商的整数部分	10 // 20 = 0

2.9.2 比较运算符

比较运算符就是常规的大于、等于、小于之类的，主要是用来做比较的，返回 True 或 False 的结果，如表 2-3 所示。

表 2-3

运算符	描　述	示　例
==	等于	(10 == 20)返回 False
!=	不等于	(10 != 20)返回 True
>	大于	(10 > 20)返回 False
<	小于	(10 < 20)返回 True
>=	大于或等于	(10 >= 20)返回 False
<=	小于或等于	(10 <= 20)返回 True

2.9.3 逻辑运算符

逻辑运算符就是与或非，如表 2-4 所示。

表 2-4

运算符	逻辑表达式	描　述	示　例
and	a and b	a 和 b 同时为真，结果才为真	((10 > 20) and (10 < 20))返回结果为 False
or	a or b	a 和 b 只要有一个为真，结果就为真	((10 > 20) or (10 < 20))返回结果为 True
not	not a	如果 a 为真，则返回 False，否则返回 True	not (10 > 20)返回结果为 True

2.10 循环语句

2.10.1 for 循环

for 循环用来遍历（挨个调用）任何**序列**的**项目**，这个序列可以是一个列表，也可以是一个字符串，然后针对这个序列中的**每个项目**去执行相应的操作。

一个数据分析师的必修课主要有 Excel、SQL、Python 和统计学，要想成为一名数据分析师，那么这 4 门课是必须要学的，且学习顺序也应该是先 Excel，再 SQL，然后 Python，最后是统计学。你在依次学习这 4 门课时就是一个 for 循环。

```
subject = ["Excel","SQL","Python","统计学"]
for sub in subject:
    print("我目前正在学习：{}".format(sub))

---
我目前正在学习：Excel
我目前正在学习：SQL
我目前正在学习：Python
我目前正在学习：统计学
```

2.10.2 while 循环

while 循环用来循环执行某程序，即当条件满足时，一直执行某程序，直到条件不满足时，终止程序。

网上有一篇帖子名为《7 周成为数据分析师》，只要你按照课程表学习 7 周，就算是一名数据分析师了。这里以你是否已经学习了 7 周作为判断条件，如果学习时间没有达到 7 周，那么就需要一直学，直到学习时间大于 7 周，就可以停止学习，然后去找工作（见图 2-40）。

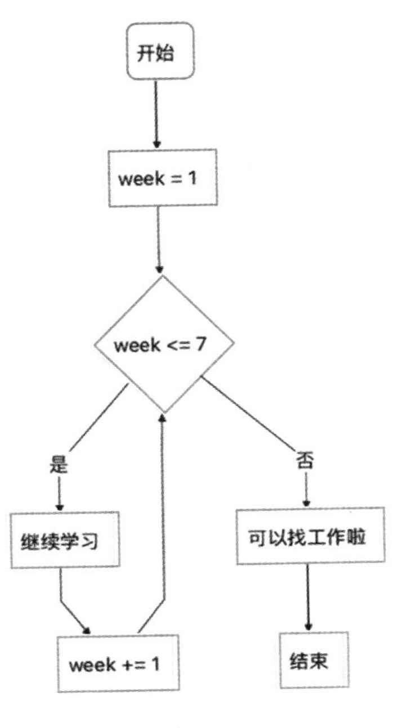

图 2-40

```
week = 1
while week <= 7:
    print("我已经学习数据分析{}周啦".format(week))
    week += 1
print("我已经学习数据分析{}周啦，我可以去找工作啦".format(week-1))
---
我已经学习数据分析 1 周啦
我已经学习数据分析 2 周啦
我已经学习数据分析 3 周啦
我已经学习数据分析 4 周啦
我已经学习数据分析 5 周啦
我已经学习数据分析 6 周啦
我已经学习数据分析 7 周啦
我已经学习数据分析 7 周啦，可以去找工作啦
```

在写 while 循环时，一定要注意代码的缩进，否则容易陷入死循环。

2.11 条件语句

2.11.1 if 条件语句

if 条件语句是程序先去判断某个条件是否满足，如果该条件满足，则执行判断语句后的程序，if 条件后面的程序需要首行缩进。

如果你好好学习数据分析师的必备技能，那么就可以找到一份数据分析相关的工作，但是如果你不好好学习，就很难找到一份数据分析相关的工作。

我们用 1 表示好好学习，0 表示没有好好学习，并赋初始值为 1。

判断条件为是否好好学习（见图 2-41）。

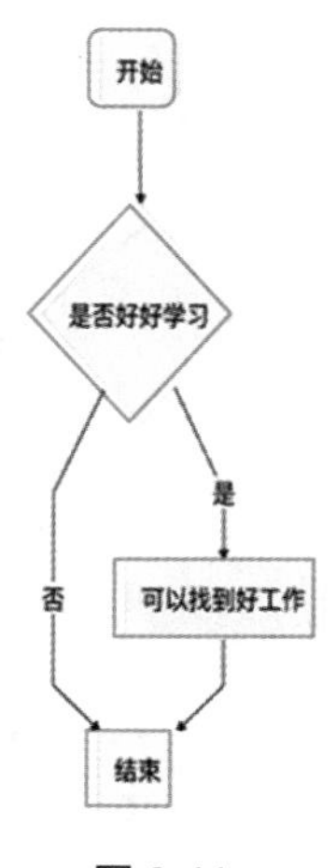

图 2-41

```
is_study = 1
if is_study == 1:
    print("可以找到一个好工作")
---
可以找到一个好工作
```

判断条件为是否没有好好学习（见图 2-42）。

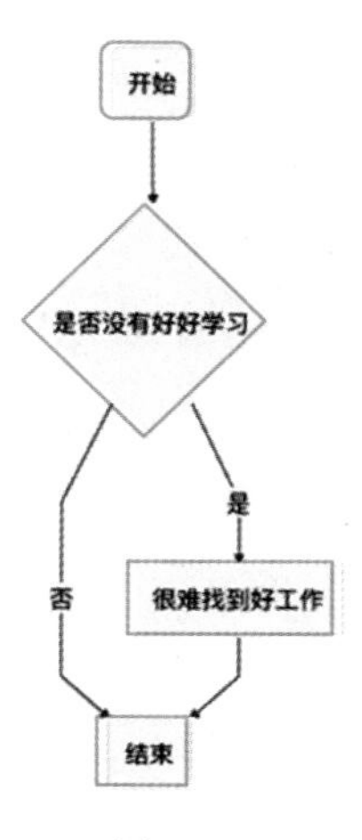

图 2-42

```
is_study = 1
if is_study == 0:
    print("很难找到一个好工作")#这里需要缩进
---
输出为空
```

2.11.2　else 语句

else 语句是 if 语句的补充，if 条件只说明了当条件满足时程序去做什么，没有说明当条件不满足时程序去做什么？而 else 语句是用来说明当条件不满足时，程序去做什么（见图 2-43）。

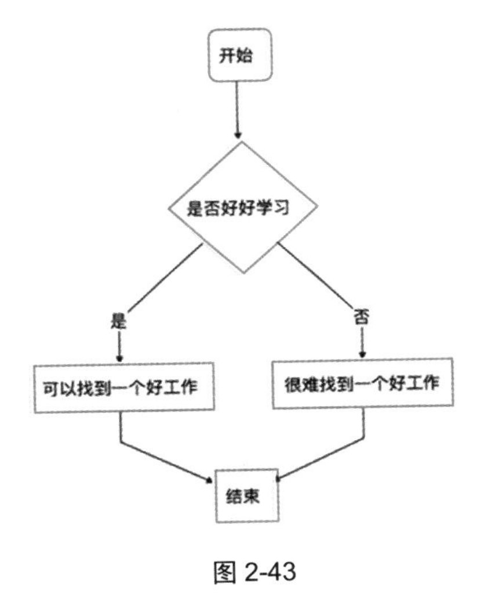

图 2-43

判断条件为是否好好学习：

```
is_study = 1
if is_study == 1:
    print("可以找到一个好工作")
else:
print("很难找到一个好工作")
---
可以找到一个好工作
```

判断条件为是否没有好好学习：

```
is_study = 1
if is_study == 0:
    print("很难找到一个好工作")
else:
    print("可以找到一个好工作")
---
```

```
可以找到一个好工作
```

2.11.3 elif 语句

elif 语句可以近似理解成 else_if，前面提到的 if 语句、else 语句都仅可以对一条语句进行判断，但有时需要对多条语句进行判断，可以使用 elif 语句。

elif 中可以有 else 语句，也可以没有，但是必须有 if 语句，具体执行顺序是先判断 if 后面的条件是否满足。如果满足则运行 if 为真时的程序，结束循环；如果 if 条件不满足就去判断 elif 语句，会有多个 elif 语句，但是只有 0 个或 1 个 elif 语句会被执行。

比如，你要猜某个人考试考了多少分，该怎么猜？先判断是否及格（60 分为准）。如果不及格，分数范围直接猜一个小于 60 分的就可以；如果及格了，则去判断到底是在哪个分数段（见图 2-44）。

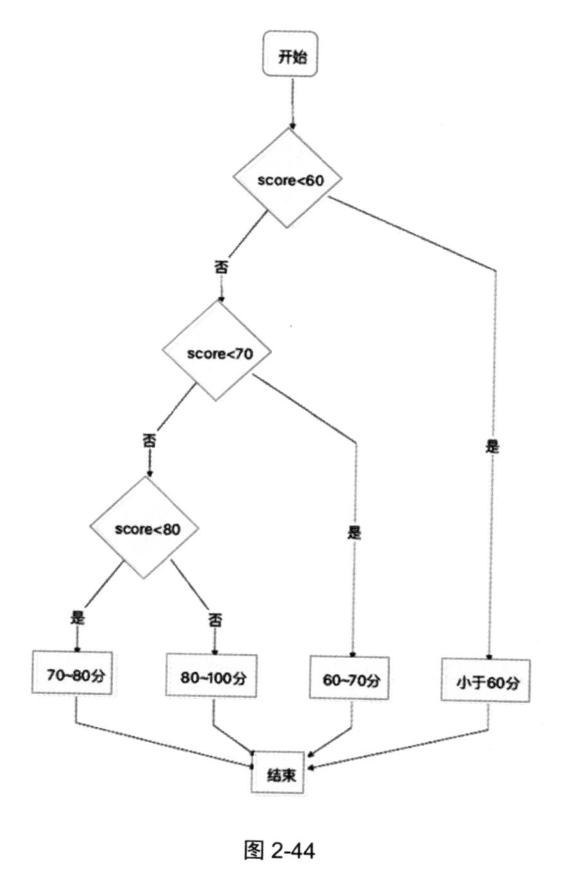

图 2-44

```
if score < 60:
    print("小于 60 分")
elif score < 70:
```

```
    print("60-70 分")
elif score < 80:
    print("70-80 分")
else:
    print("80-100 分")
```

2.12 函数

函数是在一个程序中可以被重复使用的一段程序。这段程序是由一块语句和一个名称组成的，只要函数定义好，就可以在程序中通过该名字调用执行这段程序。

2.12.1 普通函数

普通函数一般由函数名（必需）、参数、语句块（必需）、return、变量几部分组成。

定义函数语法：

```
def 函数名(参数):
    语句块
```

定义函数使用的关键词是 def，函数名后面的括号里放入参数（参数可以为空），参数后面需要以冒号结尾，语句块需要缩进 4 个空格，语句块是函数具体要做的事情。

定义一个名为 learn_python()的函数：

```
def learn_python(location):
    print("我正在{}上学 python".format(location)) #语句块

learn_python("地铁") #调用函数
---
我正在地铁上学 python

learn_python("公交") #调用函数
---
我正在公交上学 python

learn_python("出租") #调用函数
---
我正在出租上学 python
```

上述的函数利用 learn_python()这个函数名，调用了多次 learn_python 对应的语句块。

函数的参数有形参（形式参数）和实参（实际参数）两种，在定义函数时使用的参数是形参，比如上面的 location；但是在调用函数时传递的参数是实参，比如上面的"地铁"。

上面语句块中直接执行了 print()操作，没有返回值，我们也可以利用 return 对语句块的运行结果进行返回。

定义一个含有 return 的函数：

```
def learn_python(location):
    doing = ("我正在{}上学 python".format(location)) #将运行结果赋值给 doing
    return doing #return 用来返回 doing 的结果

learn_python("地铁")
---
我正在地铁上学 python

learn_python("公交") #调用函数
---
我正在公交上学 python

learn_python("出租") #调用函数
---
我正在出租上学 python
```

这次调用函数以后，没有直接进行 print()操作，而是将运行结果利用 return 进行返回。

定义一个含有多个参数的函数：

```
def learn_python(location,people):
    doing = ("我正在{}上学 python,人{}".format(location,people))
    return doing

learn_python("地铁","很多")
---
我正在地铁上学 python,人很多
```

2.12.2 匿名函数

匿名函数，顾名思义就是没有名字的函数，也就是省略了 def 定义函数的过程。lambda 只是一个表达式，没有函数体，lambda 的具体使用方法如下。

```
lambda arg1,arg2,arg3,... : expression
```

arg1、arg2、arg3 表示具体的参数，expression 表示参数要执行的操作。

现在我们分别利用普通函数和匿名函数两种方式来建立一个两数相加的函数，比较一下两者的区别。

普通函数

```
def two_sum(x,y):
```

```
    result = x + y
    return result

two_sum(1,2)
---
3
```

匿名函数

```
f = lambda x,y:x+y
f(1,2)
---
3
```

是不是匿名函数要比普通函数简洁很多，也是比较常用的，读者需要熟练掌握。

2.13 高级特性

2.13.1 列表生成式

现在有一个列表，你需要对该列表中的每个值求平方，然后将结果组成一个列表。我们先看看普通方法和列表生成式怎么实现。

普通方法

```
num = [1,2,3,4,5]
new = []#创建一个空列表来存放计算后的结果
for i in num:
    new.append(i**2)
new
---
[1,4,9,16,25]
```

列表生成式

```
num = [1,2,3,4,5]
[i**2 for i in num]
---
[1,4,9,16,25]
```

上面需求比较简单，你可能没有领略到列表生成式的妙用。我们再来看一些稍微复杂的需求。

现在有两个列表，需要把这两个列表中的值两两组合，分别用普通方法和列表生成式实现一下。

普通方法

```
list1 = ["A","B","C"]
```

```
list2 = ["a","b","c"]
new = []
for m in list1:
   for n in list2:
       new.append(m+n)
new
---
['Aa', 'Ab', 'Ac', 'Ba', 'Bb', 'Bc', 'Ca', 'Cb', 'Cc']
```

列表生成式

```
list1 = ["A","B","C"]
list2 = ["a","b","c"]
[m + n for m in list1 for n in list2]
['Aa', 'Ab', 'Ac', 'Ba', 'Bb', 'Bc', 'Ca', 'Cb', 'Cc']
```

上面的需求如果用普通方法，则需要嵌套两个 for 循环；如果用列表生成式，则只需要一行代码就可以搞定。如果数据量很小，for 循环嵌套的运行速度还可以。但是如果数据量很大，for 循环嵌套太多程序运行就会变得很慢。

2.13.2 map()函数

map()函数的表现形式为 map(function,agrs)，表示对序列 args 中的每个值进行 function 操作，最终得到一个结果序列。

```
a = map(lambda x,y:x+y,[1,2,3],[3,2,1])
a
<map at 0x1b0260d29b0>

for i in a:
   print(i)
---
4
4
4
```

map()函数生成的结果序列不会直接把全部结果显示出来，要想获取到结果，则需要使用 for 循环遍历。也可以使用 list()方法，将结果值生成一个列表。

```
b = list(map(lambda x,y:x+y,[1,2,3],[3,2,1]))
b
---
[4,4,4]
```

2.14 库

库是升级版的函数，我们前面介绍过，函数是在一段程序中可以通过函数名进行多次调用的一段程序，但是必须在定义函数的这段程序中调用。如果换到别的程序中，该函数就不起作用了。

库之所以是升级版的函数，是因为在任意程序中都可以通过库名去调用该库对应的程序。

要调用函数，首先需要定义一个函数，同理，要调用库，首先需要导入库，导入库的方法主要有以下两种。

```
import module_name #直接导入具体的库名

from module1 import module2 #从一个较大的库中导入较小的一个库
```

数据分析领域用得比较多的 3 个库分别是 Numpy、Pandas、matplotlib，Python 中还有很多类似的库，正是因为有这样多的库存在，才使 Python 变得很简单，受到越来越多人的欢迎。

而我们本书主要使用的是 openpyxl 库，所以本书有很多代码是需要导入 openpyxl 的。

2.14.1 安装一个新库

Anaconda 虽然自带了很多常用库，但是有时候我们使用的库可能没有自带，就需要自己进行安装。自己安装库的命令如下。

```
pip install xxx
```

- xxx 表示你要安装的具体库名。

那么应该在哪里运行上述命令呢？

对 Windows 端，需要在 Anaconda Prompt 中运行，打开开始界面，然后搜索 Anaconda Prompt，如图 2-45 所示。

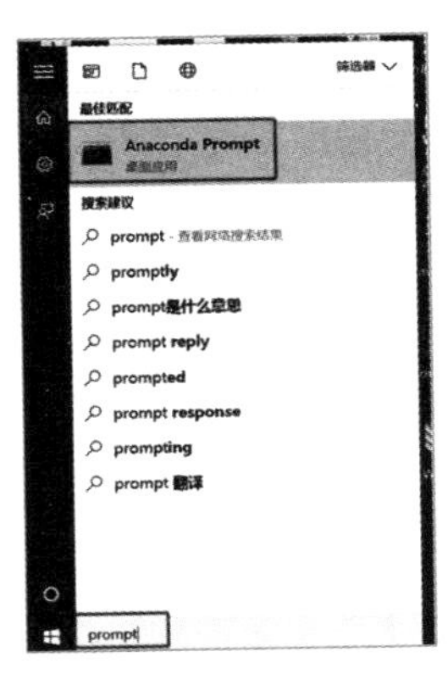

图 2-45

打开以后就会出现如图 2-46 所示的黑框。

图 2-46

然后就可以在黑框里输入命令，比如我们这里要安装 openpyxl 库，那么就可以输入如图 2-47 所示命令，按 Enter 键。

图 2-47

对 MacOS 端，终端就是 Anaconda Prompt，直接在终端中输入上述命令即可。

2.14.2 卸载一个库

有安装就会有卸载，有时我们不需要某个库了，就可以将其卸载，卸载的命令如下。

```
pip uninstall xxx
```

- xxx 表示要卸载的具体库名，运行卸载命令的地方与安装命令的地方一致。

第 2 部分
格式设置

03 第 3 章 用 Python 对报表进行基本操作

3.1 打开已有的工作簿

有一个工作簿 dataset，现在需要打开这个工作簿，对其进行操作。dataset 工作簿中的数据内容如图 3-1 所示。

	岗位名称	行业	融资情况	公司规	发布时	工资	经验	学历
2	ETL开发工程师、数据分析师			1000-99	发布于08	8k-16k	1-3年	本科
3	数据分析师	数据服务	未融资	20-99人	发布于11	8k-13k	1-3年	本科
4	数据分析师	互联网	未融资	100-499	发布于10	8k-13k	1-3年	本科
5	数据分析师	未融资	未融资	20-99人	发布于11	8k-13k	1-3年	本科
6	数据分析	不需要融资			发布于01	8k-13k	1-3年	本科
7	财务数据分析专员/风控专员	计算机软件	B轮	100-499	发布于01	8k-12k	1-3年	本科
8	销售数据分析主管	移动互联网	B轮	10000人	发布于11	8k-10k	3-5年	本科
9	数据分析专员	电子商务	未融资	100-499	发布于01	8k-10k	1-3年	本科
10	数据分析专员	数据服务	未融资	20-99人	发布于11	7k-11k	应届生	本科
11	数据分析专员	未融资	未融资	20-99人	发布于11	7k-11k	应届生	本科
12	数据分析师（实习）	互联网金融	A轮	20-99人	发布于12	6k-7k	经验不限	本科
13	数据分析运营	O2O	D轮及以上	500-999	发布于11	6k-12k	1-3年	本科
14	数据分析师			100-499	发布于08	6k-12k	经验不限	本科
15	数据分析师	咨询	不需要融资	20-99人	发布于12	6k-11k	经验不限	本科
16	渠道数据分析	互联网	A轮	100-499	发布于昨	6k-11k	1-3年	大专
17	数据分析	在线教育	不需要融资	100-499	发布于02	6k-10k	经验不限	本科

图 3-1

Excel 实现

在 Excel 中要打开一个工作簿很简单，直接用鼠标双击 Excel 软件图标即可。

Python 实现

在 Python 中要打开一个工作簿，可以使用 openpyxl 库中的 load_workbook()函数，load_workbook()会把整个工作簿中的所有内容都导入进来，具体实现代码如下。

```
from openpyxl import load_workbook
wb = load_workbook(r'C:\Users\zhangjunhong\Desktop\dataset.xlsx')
wb
```

运行上面代码会得到如下结果。

```
<openpyxl.workbook.workbook.Workbook at 0x24ab10cbc18>
```

这就表示已经将 dataset 工作簿中的内容全部导入 Python 中。

除了使用 openpyxl，还可以使用 Pandas，读取 dataset 文件的实现代码如下。

```
import pandas as pd
df = pd.read_excel(r'C:\Users\zhangjunhong\Desktop\dataset.xlsx')
df
```

运行上面代码会得到如图 3-2 所示结果。

	岗位名称	行业	融资情况	公司规模	发布时间	工资	经验	学历	地址	招聘人title	职位简介
0	ETL开发工程师、数据分析师	NaN	NaN	1000-9999人	发布于08月29日	8k-16k	1-3年	本科	北京 海淀区 紫竹桥	招聘专员	[岗位职责：', '1、参与项目的ETL设计、开发、维护工作；', '2、参与ETL调度架构...
1	数据分析师	数据服务	未融资	20-99人	发布于11月28日	8k-13k	1-3年	本科	北京 朝阳区 朝外	HR	[职责描述：', '1. 为金融和政府行业客户开发数据分析解决方案，包括针对客户获取，信审决...
2	数据分析师	互联网	未融资	100-499人	发布于10月25日	8k-13k	1-3年	本科	北京 朝阳区 朝外	招聘主管	[任职资格：', '1、有2年以上数据处理和分析经验，具有p2p行业工作经验优先考虑；...
3	数据分析师	未融资	未融资	20-99人	发布于11月28日	8k-13k	1-3年	本科	北京 朝阳区 朝外	HR	[职责描述：', '1. 为金融和政府行业客户开发数据分析解决方案，包括针对客户获取，信审决...
4	数据分析	不需要融资	NaN	NaN	发布于01月02日	8k-13k	1-3年	本科	北京 昌平区 回龙观	招聘者	[岗位职责：', '1、负责完善数据报表体系，建立监控指标体系。关注平台日常运营数据报表，及...
...	...	...	...	...	...	...	...	...	...	...	...
233	数据分析	已上市	NaN	NaN	发布于昨天	10k-15k	1-3年	本科	北京	招聘实习生	[职位描述： ...
234	数据分析专员	未融资	NaN	NaN	发布于01月23日	10k-13k	1年以内	本科	北京 海淀区 西北旺	招聘主管	[项目介绍Project Introduction\t主要发展方向为：报告自动化开发及可视化...
235	人力资源数据分析师	互联网	不需要融资	1000-9999人	发布于昨天	10k-12k	1-3年	本科	北京 海淀区 清河	招聘者	[岗位职责：', '1、对人力资源的各类数据进行处理和分析，将数据分析应用于重点人力资源项目...
236	人力资源数据分析师	互联网	不需要融资	1000-9999人	发布于昨天	10k-12k	1-3年	本科	北京 海淀区 清河	招聘主管	[岗位职责：', '1、对人力资源的各类数据进行处理和分析，将数据分析应用于重点人力资源项目...

图 3-2

可以看到，已经将工作簿 dataset 的第一个 Sheet 中的内容读取进来了。

既然 load_workbook()和 read_excel()都可以对文件进行读取，那两者有什么区别呢？

- 使用 read_excel()读取的数据可以实时显示在界面上，而 load_workbook()不可以。
- 对有多个 Sheet 的工作簿，load_workbook()可以一次性全部读取，而 read_excel()一次只能读取其中一个 Sheet，且默认读取第一个 Sheet 中的内容。如果要读取其他 Sheet 中的内容，则-通过参数 sheet_name 指明要读取的 Sheet 名。

我们读取 dataset 工作簿中 sheet_name 为深圳的数据，代码如下。

```
df = pd.read_excel(r'C:\Users\zhangjunhong\Desktop\dataset.xlsx',sheet_name = '
深圳')
df
```

使用 Pandas 读取数据不是本书重点，关于更多 Pandas 操作的内容，可以阅读《对比 Excel，轻松学习 Python 数据分析》一书。

3.2 创建新的工作簿

大多数时候我们是对一个已有的工作簿进行操作处理，但有时也会需要自己新建一个工作簿。

Excel 实现

在 Excel 中新建一个工作簿，直接用鼠标双击 Excel 软件的图标，就会自动创建一个新工作簿。

Python 实现

在 Python 中，可以使用如下代码来创建一个新工作簿。

```
from openpyxl import Workbook
wb = Workbook()

wb.save(r"C:\Users\zhangjunhong\Desktop\工作簿1.xlsx")
```

Workbook()表示声明一个新的工作簿，并将这个工作簿赋值给 wb，然后将 wb 保存到 C 盘的 Users 文件夹下面，这时在该文件夹中就会有一个新的名字为工作簿 1 的文件。

一般我们会将新的工作簿保存至本地，保存工作簿的代码为 wb.save()，在括号中指明要保存的具体路径。

上面的代码只是新建了一个空的工作簿，当我们想要在空的工作簿中插入值时，可以通过如下代码实现。

```
from openpyxl import Workbook
wb = Workbook()

ws = wb.active

ws["A1"] = 1#给单元格 A1 赋值 1
ws["A2"] = 2#给单元格 A2 赋值 2
ws["A3"] = 3#给单元格 A3 赋值 3

wb.save(r"C:\Users\zhangjunhong\Desktop\cell_file.xlsx")
```

3.2.1 在创建工作簿时插入数据

在创建一个新工作簿时，默认会创建一个 Sheet。要在工作簿中插入数据时，就是在 Sheet 中输入数据。在插入具体数据之前，需要先激活 Sheet，即 wb.active。将激活后的 Sheet 赋值给 ws，接下来对 ws 的操作就是对这个 Sheet 的操作。

ws['A1']表示 ws 这个 Sheet 中的 A1 单元格，我们给其赋值 1；ws['A2']表示 ws 这个 Sheet 中的 A2 单元格，我们给其赋值 2；ws['A3']表示 ws 这个 Sheet 中的 A3 单元格，我们给其赋值 3。赋值完成后，将这个工作簿保存到指定文件夹中。

接下来，从文件夹中打开 cell_file.xlsx 文件，显示如图 3-3 所示。

图 3-3

3.2.2　对单个单元格赋值

在对一个一个单元格进行赋值时，还有另外一种方式，具体实现代码如下。

```
from openpyxl import Workbook
wb = Workbook()

ws = wb.active #默认情况下，在创建 wb 时就会新建一个 Sheet，可以使用这行代码激活

ws.cell(row = 1,column = 1).value = 1#给第 1 行第 1 列赋值 1
ws.cell(row = 2,column = 1).value = 2#给第 2 行第 1 列赋值 2
ws.cell(row = 3,column = 1).value = 3#给第 3 行第 1 列赋值 3

wb.save(r"C:\Users\zhangjunhong\Desktop\cell_file_copy.xlsx")
```

运行上面代码得到的 cell_file_copy.xlsx 文件与 cell_file.xlsx 文件的结果是一样的。

3.2.3　对一行单元格赋值

上面是对一个一个单元格进行赋值，我们也可以一次性对一行单元格进行赋值，具体实现代码如下。

```
from openpyxl import Workbook
wb = Workbook()

ws = wb.active #默认情况下，在创建 wb 时就会新建一个 Sheet，可以使用这行代码激活
```

```
ws.append([1,2,3,4,5])#给某一行单元格赋值

wb.save(r"C:\Users\zhangjunhong\Desktop\cell_row.xlsx")
```

要对 ws 这个 Sheet 中的一行进行赋值，需要用到 append()方法，在 append()方法的括号中以列表的形式指明待赋值的这一行数据即可。

从文件夹中打开 cell_row.xlsx 文件，显示如图 3-4 所示。

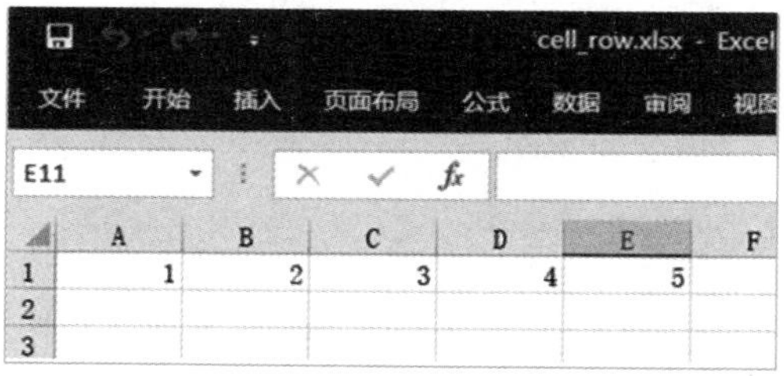

图 3-4

3.2.4 对多行进行赋值

如果我们想同时插入多行数据，则可以借助 for 循环来实现，具体代码如下。

```
from openpyxl import Workbook
wb = Workbook()

ws = wb.active #默认情况下，在创建 wb 时就会新建一个 Sheet，可以使用这行代码激活

#循环插入多行数据
data = [
    ["Fruit", 2011, 2012, 2013, 2014],
    ['Apples', 10000, 5000, 8000, 6000],
    ['Pears',  2000, 3000, 4000, 5000],
    ['Bananas', 6000, 6000, 6500, 6000],
    ['Oranges',  500,  300,  200,  700],
]

for row in data:
    ws.append(row)

wb.save(r"C:\Users\zhangjunhong\Desktop\cell_for.xlsx")
```

同时插入多行数据的实现原理比较简单，就是循环执行插入单行数据的代码。

运行上述代码，然后打开文件夹中的 cell_for.xlsx 文件，结果显示如图 3-5 所示。当然，除了使用 openpyxl 库来新建工作簿，还可以使用 Pandas 库来新建工作簿。

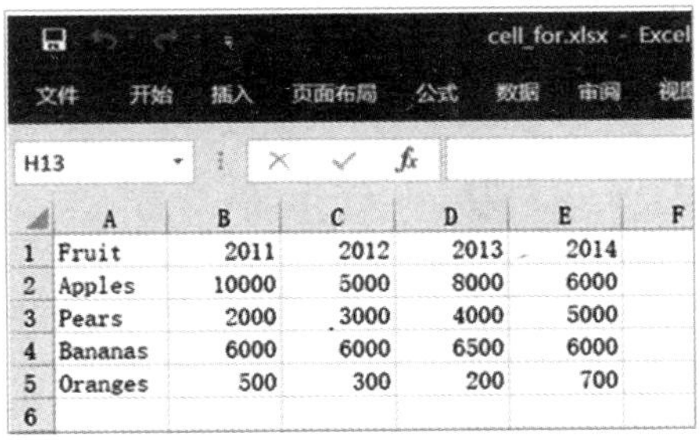
cell_for.xlsx - Excel
文件
开始
插入
页面布局
公式
数据
审阅
H13
A B C D E F
1 Fruit 2011 2012 2013 2014
2 Apples 10000 5000 8000 6000
3 Pears 2000 3000 4000 5000
4 Bananas 6000 6000 6500 6000
5 Oranges 500 300 200 700
6

图 3-5

3.3 Pandas 与 openpyxl 之间的转换

通过上面导入工作簿的例子，读者应该能感受到，Pandas 和 openpyxl 两个库各有优劣，在日常工作中经常需要同时用到这两个库。先用 Pandas 处理一部分，然后用 openpyxl 处理，或者先用 openpyxl 处理一部分，然后用 Pandas 处理。需要频繁地在两个库之间进行切换，而两个库的数据源格式又不太一样，这就涉及两个数据源之间的转换。

我们先利用 Pandas 导入一个 pandas 文件，然后新建一个 openpyxl 格式的空工作簿，再利用 append()方法将 Pandas 中的数据插入空工作簿中，最后保存这个工作簿，代码如下。

```
#导入 df
import pandas as pd
from openpyxl import Workbook
from openpyxl.utils.dataframe import dataframe_to_rows

df = pd.read_excel(r"C:\Users\zhangjunhong\Desktop\pandas_style.xlsx")

wb = Workbook()
ws = wb.active

for r in dataframe_to_rows(df, index=True, header=True):
    ws.append(r)

wb.save(r'C:\Users\zhangjunhong\Desktop\openpyx_style.xlsx')
```

在上述代码中有一个关键的方法 dataframe_to_rows()，这个方法是将 pandas 格式的数据转化为一行一行的数据，其后面括号中的 index 表示在转化过程中是否需要将 DataFrame 表的索引列也插入 Excel 中，True 表示需要，False 表示不需要；header 表示是否需要将 DataFrame 表的表头（列名）也插入 Excel 中。一般情况下，表头是保留的，而索引列根据实际需要来决定是否保留。如果索引列中含有关键信息，则需要保留；如果索引列只是单纯的一列数，则没必要保留。

3.4 Sheet 相关设置

我们在前面讲了，一个工作簿中会包含多个 Sheet。有时也需要对其进行相关设置。

3.4.1 新建一个 Sheet

新建了一个空工作簿以后，默认包含一个 Sheet，有时一个 Sheet 可能不够用，就需要再新建几个 Sheet。

Excel 实现

在 Excel 中，如果要新建 Sheet，只需要点击原 Sheet 后面的加号即可，每点击一次就会新建一个，如图 3-6 所示。

Python 实现

在 Python 中，如果要新建一个 Sheet，直接对工作簿执行 create_sheet()方法即可，具体实现代码如下。

```
from openpyxl import Workbook
wb = Workbook()

ws = wb.active

ws1 = wb.create_sheet()

wb.save(r"C:\Users\zhangjunhong\Desktop\new_sheet.xlsx")
```

打开文件夹中的 new_sheet.xlsx 文件，显示如图 3-7 所示。

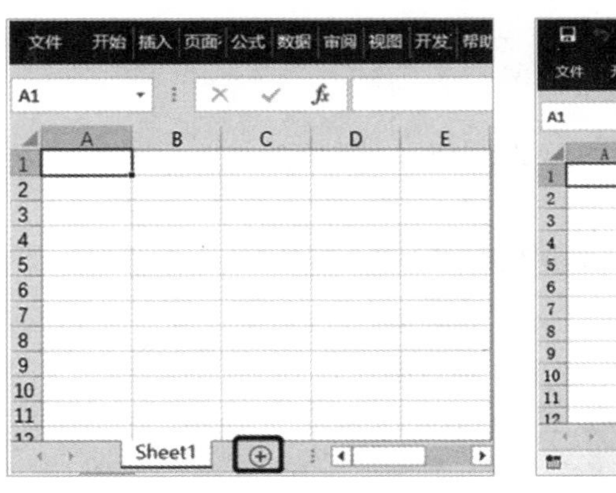

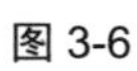
图 3-6

图 3-7

我们也可以同时新建多个 Sheet，只需要重复执行创建 Sheet 的代码即可。现在我们要新建 3 个 Sheet，具体实现代码如下。

```
from openpyxl import Workbook
wb = Workbook()

ws = wb.active

ws1 = wb.create_sheet()#新建的第 1 个 Sheet
ws2 = wb.create_sheet()#新建的第 2 个 Sheet
ws3 = wb.create_sheet()#新建的第 3 个 Sheet

wb.save(r"C:\Users\zhangjunhong\Desktop\more_new_sheet.xlsx")
```

打开文件夹中的 more_new_sheet.xlsx 文件，显示如图 3-8 所示。

图 3-8

上面新建的 Sheet 都是以默认的格式进行新建的。实际上我们在新建时还可以对其标题和位置进行设置。默认新建的 Sheet 都是排在最后的，比如 ws3(Sheet3)是最后新建的，就排在 Sheet1、Sheet2 后面。

如果我们现在想把最后新建的 Sheet 放在第二的位置，并把其 Sheet 名字命名为“第二 Sheet”，实现代码如下。

```
from openpyxl import Workbook
wb = Workbook()

ws = wb.active

ws1 = wb.create_sheet()
```

```
ws2 = wb.create_sheet()

# '第二 sheet'表示 Sheet 名
# 1 表示新建在第一个 Sheet 后面
ws3 = wb.create_sheet('第二 Sheet',1)

wb.save(r"C:\Users\zhangjunhong\Desktop\sort_new_sheet.xlsx")
```

打开文件夹中的 sort_new_sheet.xlsx 文件，显示如图 3-9 所示。

图 3-9

有时候新建 Sheet 并不是完全地新建一个空白的 Sheet，而是把已有的 Sheet 复制到新的 Sheet 中，这时只需要把 create_sheet 改成 copy_worksheet 即可。我们将 ws2 复制到 ws3 中，代码如下。

```
from openpyxl import Workbook
wb = Workbook()

ws = wb.active

ws1 = wb.create_sheet()
ws2 = wb.create_sheet()
ws3 = wb.copy_worksheet(ws2)

wb.save(r"C:\Users\zhangjunhong\Desktop\copy_new_sheet.xlsx")
```

打开文件夹中的 copy_new_sheet.xlsx 文件，显示如图 3-10 所示。

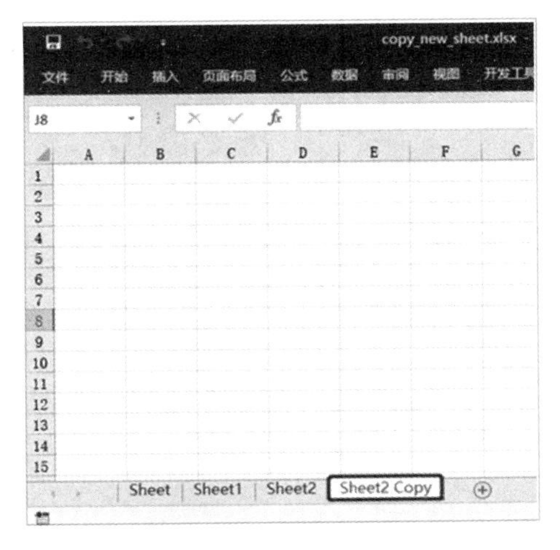

图 3-10

3.4.2　对已有 Sheet 进行设置

上面主要介绍了如何新建 Sheet，那么我们创建了 Sheet 以后，会对其进行什么操作？

第 1 个操作是获取一个工作簿中的所有 Sheet 名，查看都有哪些 Sheet。以前面的 copy_new_sheet.xlsx 文件为例，我们将其导入 Python 中，然后查看这个文件中有哪些 Sheet，实现代码如下。

```
from openpyxl import load_workbook
wb = load_workbook(r'C:\Users\zhangjunhong\Desktop\copy_new_sheet.xlsx')
wb.sheetnames
```

运行上面代码，得到结果['Sheet', 'Sheet1', 'Sheet2', 'Sheet2 Copy']，与实际情况一致。

第 2 个操作是对 Sheet 进行重命名，以及修改标签颜色，具体实现代码如下。

```
from openpyxl import Workbook
wb = Workbook()

ws = wb.active

ws.title = "New Title" #更改 Sheet 的名称
ws.sheet_properties.tabColor = "FFEE0000" #更改 Sheet 的标签颜色

wb.save(r"C:\Users\zhangjunhong\Desktop\New_Title.xlsx")
```

打开文件夹中的 New_Title.xlsx 文件，显示如图 3-11 所示。

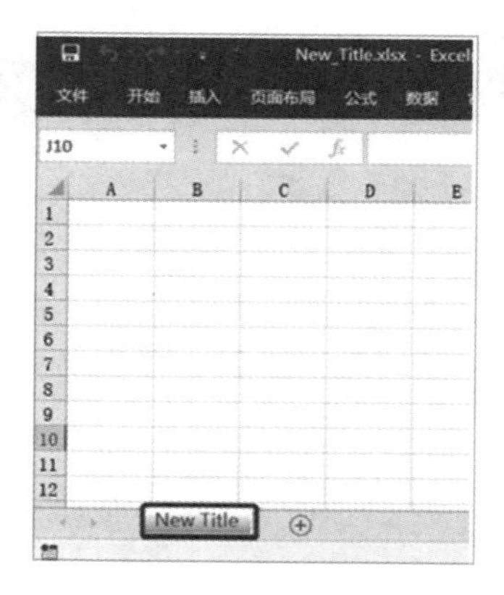

图 3-11

第 3 个操作是对 Sheet 进行删除，我们先新建 3 个 Sheet，然后将第 2 个 Sheet 删除，具体实现代码如下。

```
from openpyxl import Workbook
wb = Workbook()

ws = wb.active

ws1 = wb.create_sheet()
ws2 = wb.create_sheet()
ws3 = wb.create_sheet()

wb.remove(ws2) #将 w2 删除

wb.save(r"C:\Users\zhangjunhong\Desktop\remove_new_sheet.xlsx")
```

打开文件夹中的 remove_new_sheet.xlsx 文件，显示如图 3-12 所示。可以看到 Sheet2 已被删除。

图 3-12

04 第 4 章 用 Python 实现单元格选择和字体设置

4.1 用 Python 选择单元格

选择单元格就是选择指定的单元格。一般对选择的单元格进行数据运算或者格式调整等操作。在 Excel 中，要选择指定的单元格，直接用鼠标拖动选中即可，我们主要介绍一下在 Python 中如何选择指定单元格。

4.1.1 选择单个单元格

我们要选择某一个单一的单元格，比如要选择 A1 单元格，有如下两种选择方法。

方法一：直接指明具体的单元格，代码如下。

```
ws['A1']  #ws 为某一个 Sheet
```

方法二：通过行（row）、列（column）的形式来指明，代码如下。

```
ws.cell(row=1, column=1) #ws 为某一个 Sheet
```

A1 单元格为第 1 行第 1 列，所以 row 的值和 column 的值均为 1。

4.1.2 选择多个单元格

多个单元格有多种形式，一行也属于多个单元格，比如我们要获取第 10 行的单元格，可以通过如下代码实现。

```
ws[10] #ws 为某一个 Sheet
```

一列也属于多个单元格，比如我们要获取第 C 列的单元格，可以通过如下代码实现。

```
ws['C'] #ws 为某一个 Sheet
```

多行也属于多个单元格，比如我们要获取第 5～10 行的单元格，可以通过如下代码实现。

```
ws[5:10] #ws 为某一个 Sheet
```

多列也属于多个单元格，比如我们要获取第 C～E 列的单元格，可以通过如下代码实现。

```
ws['C:E'] #ws 为某一个 Sheet
```

多行多列也属于多个单元格，比如我们要获取 A1:C5 区域的单元格，可以通过如下代码实现。

```
ws["A1":"C5"] #ws 为某一个 Sheet
```

Excel 中字体相关的设置在“开始”选项卡下的“字体”组中，如图 4-1 所示，主要包括基础的字体类型、字号大小、字体颜色、单元格填充、边框线等设置。

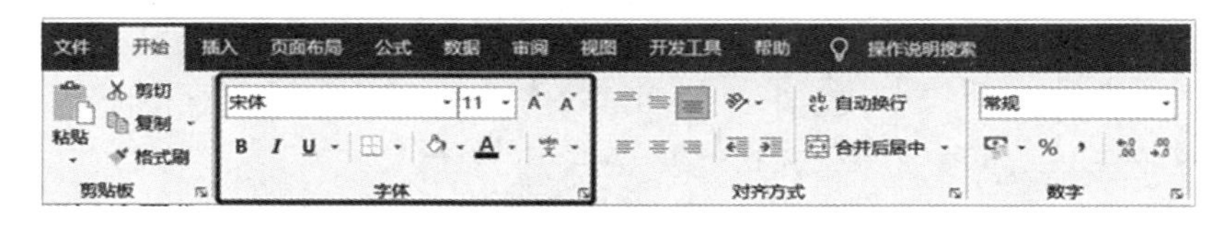

图 4-1

4.2 用 Python 设置 Excel 字体

4.2.1 基本字体相关设置

基本字体相关设置主要有字体类型、字号大小、是否加粗、是否斜体、对齐方式、下画线、删除线、字体颜色等。

Excel 实现

在 Excel 中，要实现上述的设置还是比较简单的，要对哪些单元格设置，只需要先选中这些单元格，然后点击功能区中对应的选项，即可完成设置，如图 4-2 所示。

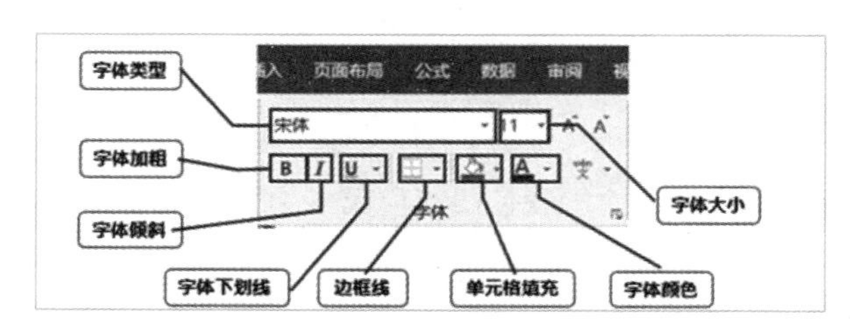

图 4-2

Python 实现

在 Python 中要实现上述设置，需要用到 Font()函数，该函数的具体参数如下。

```
Font(name='Calibri',    #字体
    size=11,    #字体大小
    bold=False,    #是否加粗
    italic=False,   #是否斜体
    vertAlign=None,  #垂直对齐{
    underline='none',    #下画线
    strike=False,  #删除线
    color='FF000000')  #字体颜色
```

- name 用来说明要设置的字体类型，可选的参数值为在 Excel“字体”组中下拉列表的所有值。
- size 表示字体的大小，可选的值为具体数值。
- bold 表示是否加粗，当参数值为 False 时表示不加粗，为 True 时表示加粗。
- italic 表示是否斜体，当参数值为 False 时表示不对字体进行倾斜，为 True 时表示对字体进行倾斜。
- vertAlign 表示字体的垂直对齐方式，可选的值及对应的对齐方式如表 4-1 所示。

表 4-1

代　码	垂直对齐方式
superscript	向上对齐
baseline	居中对齐
subscript	向下对齐

- underline 表示下画线的类型，可选的值及对应的下画线类型如表 4-2 所示。

表 4-2

代　码	下画线类型
double	双下画线
single	单下画线
doubleAccounting	覆盖双下画线
singleAccounting	覆盖单下画线

- strike 表示是否加删除线，当参数值为 False 时表示不加删除线，为 True 时表示加删除线。

- color 表示具体的字体颜色，可选值为 ARGB 格式的颜色值，一个颜色会有不同格式，网上会有不同格式之间相互转换的工具，比如图 4-3 是红色对应的不同格式值。

图 4-3

要设置什么颜色，只需要找到该颜色对应的 ARGB 值即可。表 4-3 是常用颜色对应的 ARGB 值。

表 4-3

颜　　色	ARGB 值
红色	FFFF0000
黑色	FF0F0F0F
黄色	FFFFFF00
白色	FFFFFFFF
蓝色	FF0000FF
灰色	FFC0C0C0
橙色	FFFF6100

如果要对某个单元格进行设置，则只需要让这个单元格的 font 属性等于 Font()函数，并在 Font()函数中指明具体的设置参数。格式如下。

```
a1.font = Font()  #a1 表示单元格
```

新建一个工作簿，并给这个新工作簿中的 A1 至 A8 单元格赋予不同的值，然后对 A1 单元格设置字体类型、A2 单元格设置字体大小、A3 单元格设置是否加粗、A4 单元格设置是否斜体、A5 单元格设置垂直对齐方式、A6 单元格设置下画线类型、A7 单元格设置删除线、A8 单元格设置字体颜色。具体实现代码如下。

```
from openpyxl import Workbook
from openpyxl.styles import colors
from openpyxl.styles import Font
wb = Workbook()
ws = wb.active
rows = [["字体"],
       ["字体大小"],
       ["是否加粗"],
       ["是否斜体"],
       ["垂直对齐"],
       ["下画线"],
       ["删除线"],
       ["字体颜色"]]
for row in rows:
   ws.append(row)

a1 = ws['A1']
a1.font = Font(name = "arial")
a2 = ws["A2"]
a2.font = Font(size = 16)
a3 = ws["A3"]
a3.font = Font(bold = True)
a4 = ws["A4"]
a4.font = Font(italic = True)
a5 = ws["A5"]
a5.font = Font(vertAlign = "superscript")
a6 = ws["A6"]
a6.font = Font(underline = "doubleAccounting")
a7 = ws["A7"]
a7.font = Font(strike = True)
a8 = ws["A8"]
a8.font = Font(color = "FFEE0000")

wb.save(r'C:\Users\zhangjunhong\Desktop\font.xlsx')
```

运行上面代码会得到如图 4-4 所示结果，可以看到不同单元格被进行了不同的设置。

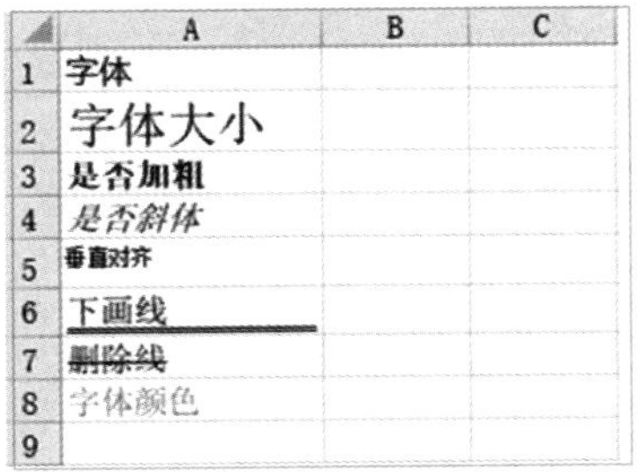

	A	B	C
1	字体		
2	字体大小		
3	是否加粗		
4	是否斜体		
5	垂直对齐		
6	下画线		
7	删除线		
8	字体颜色		
9			

图 4-4

需要注意的是，为了便于大家看清楚每一个设置的实现效果，我们对不同的单元格只进行了一个字体相关的设置。在实际工作中，经常需要对同一个单元格进行多个字体相关的设置，这时只需要在 Font()函数后面加多个设置参数即可。

4.2.2 单元格填充

单元格填充主要分为两种，一种是背景色的填充，就是单纯的颜色填充，另一种是图案的填充，就是以某种图案对单元格进行填充。

Excel 实现

在 Excel 中，如果要实现单纯的背景色填充比较简单，直接选中要填充的单元格，然后点击“字体”组中的“填充颜色”图标旁边的三角，在弹出的下拉菜单中选择需要的颜色，如图 4-5 所示。

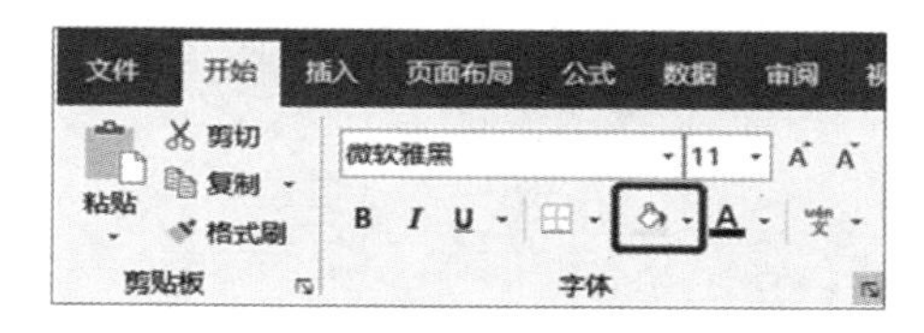

图 4-5

如果要实现图案填充，先选中要填充的单元格，然后单击鼠标右键，在弹出的快捷菜单中选择“设置单元格格式”命令，如图 4-6 所示。

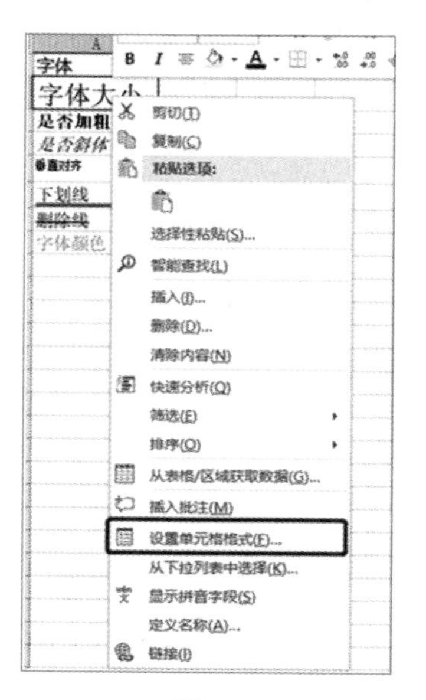

图 4-6

弹出“设置单元格格式”对话框，选择“填充”选项卡，然后会看到图案填充的部分，根据需要选择指定的图案样式和图案颜色，如图 4-7 所示。

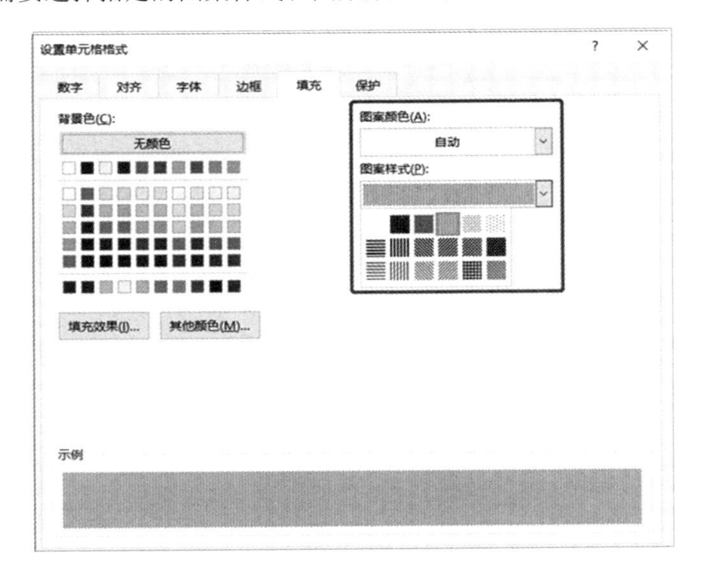

图 4-7

Python 实现

在 Python 中，要对单元格进行填充时，需要用到 PatternFill()函数，该函数的具体参数如下。

```
PatternFill(fill_type=None,
            start_color='FFFFFFFF',
            end_color='FF000000')
```

- fill_type 表示填充的图案样式，可选的参数值有如下几种。

```
'gray125', 'lightGrid', 'lightTrellis', 'darkDown', 'darkTrellis', 'lightDown',
'lightGray', 'darkGrid', 'lightUp', 'solid', 'darkUp', 'darkGray', 'gray0625',
'lightHorizontal', 'mediumGray', 'lightVertical', 'darkVertical',
'darkHorizontal'
```

不同的参数值对应的具体样式如图 4-8 所示。

gray125	lightGrid	lightTrellis	darkDown		lightDown
lightGray	darkGrid	lightUp		darkUp	
gray0625	lightHorizontal	mediumGray	lightVertical	darkVertical	darkHorizontal

图 4-8

常用的图案样式就是 solid，即纯色填充，没有任何图案。

- start_color 表示前景色填充，也就是具体的图案的颜色。
- end_color 表示背景颜色，因为图案是覆盖在单元格上方的，所以在图案的底层还会有一个颜色，就是背景色。这个颜色值也需要是 ARGB 格式的。

如果要对某个单元格进行设置，则只需要让这个单元格的 fill 属性等于 PatternFill()函数，并在 PatternFill()函数中指明具体的设置参数。格式如下。

```
a1.fill = PatternFill()  #a1表示单元格
```

常规的操作也就是单元格的纯色填充，比如要将一个单元格填充为黄色，具体实现代码如下。

```
from openpyxl import Workbook
from openpyxl.styles import colors
from openpyxl.styles import PatternFill
wb = Workbook()
ws = wb.active

ws['A1'] = "我是纯色填充"
a1 = ws['A1']
a1.fill = PatternFill(fill_type = 'solid',start_color = 'FFFFFF00')

wb.save(r'C:\Users\zhangjunhong\Desktop\fill.xlsx')
```

运行上面代码，A1 单元格会被填充为黄色，如图 4-9 所示。因为我们要进行纯色填充，所以 fill_type 选择'solid'；同时将图案的颜色设置为黄色，也就是将 start_color 设置为黄色。

	A	B	C
1	我是图案填充		
2			
3			

图 4-9

4.2.3 边框线设置

边框线设置就是设置单元格边框，主要包括线型及颜色两个方面。

Excel 实现

在 Excel 中，要对单元格的边框线进行设置时，直接选中要设置的单元格，然后点击“字体”组中“边框”图标旁边的三角，在弹出的下拉菜单中选择合适的线型和颜色，如图 4-10 所示。

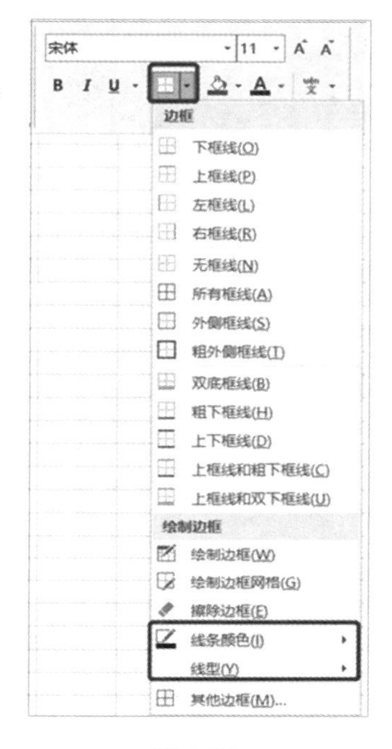

图 4-10

Python 实现

在 Python 中要对单元格进行边框线设置，需要用到 Border()函数，该函数的具体参数如下。

```
Border(left = Side(border_style=None,color='FF000000'),
       right= Side(border_style=None,color='FF000000'),
       top = Side(border_style=None,color='FF000000'),
       bottom = Side(border_style=None,color='FF000000'),
       diagonal = Side(border_style=None,color='FF000000')
       )
```

- left、right、top、bottom 分别表示对一个单元格左、右、上、下四边的边框线进行设置，diagonal 表示对单元格的对角线进行设置。
- border_style 表示线型，可选的参数值及对应的线型如表 4-4 所示。

表 4-4

代　码	线　型
thin	细线
dashDot	点画线
double	双线
mediumDashed	中等虚线

续表

代　　码	线　　型
dashed	短线
thick	粗线
dotted	虚点线
mediumDashDot	中等点画线
medium	中等线
mediumDashDotDot	中等双点画线
dashDotDot	点画线
hair	虚线
slantDashDot	斜点画线

- color 表示线的颜色，可选参数值也需要是 ARGB 格式的。

如果要对某个单元格进行设置，则只需要让这个单元格的 border 属性等于 Border()函数，并在 Border()函数中指明具体的设置参数。格式如下。

```
a1.border = Border()  #a1 表示单元格
```

我们对一个单元格的四边分别设置不同的线型和颜色，代码如下。

```
from openpyxl import Workbook
from openpyxl.styles import colors
from openpyxl.styles import Border, Side
wb = Workbook()
ws = wb.active

ws['B2'] = "边框"
a1 = ws['B2']
a1.border=Border(left=Side(border_style="hair",color="FFEE0000"),
                 right=Side(border_style="thick",color="CC0D86F3"),
                 top=Side(border_style="thick",color="FF00A8FF"),
                 bottom=Side(border_style="thick",color="FF11FF00"))

wb.save(r'C:\Users\zhangjunhong\Desktop\border.xlsx')
```

运行如上代码会得到如图 4-11 所示结果，可以看到 B2 单元格的四边被设置成了不同的线型和颜色。

上面代码中，因为我们没有对单元格的对角线进行设置，所以就可以省略设置对角线的参数 diagonal。

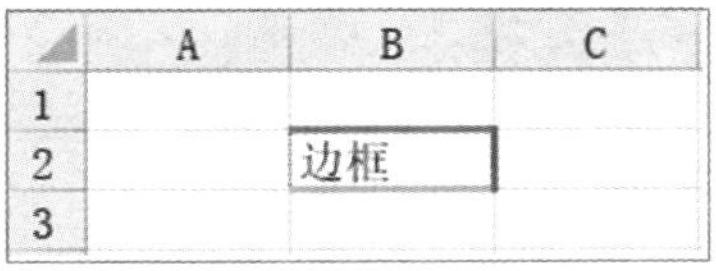

图 4-11

如果我们要设置对角线，除了需要增加 diagonal 参数，还需要增加 diagonalDown、diagonalUp 参数。diagonalDown 参数表示对角线从左上到右下，diagonalUp 参数表示对角线从左下到右上。

下面我们分别对 B2 单元格设置从左上到右下的对角线、对 C3 单元格设置从左下到右上的对角线、D4 单元格同时设置两个方向的对角线，代码如下。

```
from openpyxl import Workbook
from openpyxl.styles import colors
wb = Workbook()
ws = wb.active

ws['B2'] = "边框 B2"
a1 = ws['B2']
a1.border = Border(diagonal = Side(border_style = "thick",color = "FFEE0000"),
                   diagonalDown=True)

ws['C3'] = "边框 C3"
a2 = ws['C3']
a2.border = Border(diagonal = Side(border_style = "thick",color = "FFEE0000"),
                   diagonalUp=True)

ws['D4'] = "边框 D4"
a2 = ws['D4']
a2.border = Border(diagonal = Side(border_style = "thick",color = "FFEE0000"),
                   diagonalDown=True,diagonalUp=True)

wb.save(r'C:\Users\zhangjunhong\Desktop\border1.xlsx')
```

运行上面代码可以看到不同单元格被设置了不同的对角线，如图 4-12 所示。

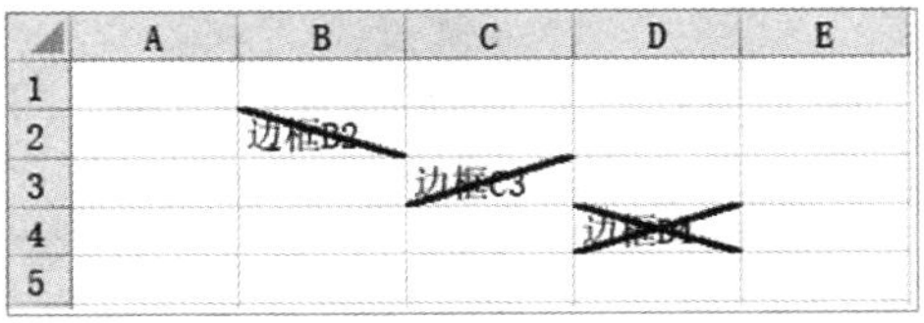

图 4-12

4.2.4 案例：批量设置单元格字体

在前面章节讲述字体设置的方法时，都是对单一的单元格进行设置的，而实际工作中，我们一般会同时对多个单元格进行字体设置，下面演示一下如何同时对多个单元格进行字体设置。

其实所谓的同时对多个单元格进行设置，就是遍历每一个单元格，然后对每一个单元格分别进行设置。在遍历每一个单元格时有两种遍历方式，一种是按照行进行遍历，即遍历每一行中的单元格；另一种是按照列进行遍历，遍历每一列中的单元格。

我们将所有的单元格字体设置成微软雅黑、字体大小设置成 12、字体颜色设置成白色、单元格背景色填充为橙色、边框线用细线，代码如下。

```
#对全部数据进行设置(通过列进行设置)
from openpyxl import Workbook
from openpyxl.styles import colors
from openpyxl.styles import Font
from openpyxl.styles import PatternFill
from openpyxl.styles import Border, Side
wb = Workbook()
ws = wb.active

rows = [
    ['col_1', 'col_2', 'col_3'],
    [2, 30, 30],
    [3, 30, 25],
    [4, 40, 30],
    [5, 20, 10],
    [6, 25, 5],
    [7, 50, 10],
]

for row in rows:
    ws.append(row)

#遍历每一列
for col in ws["A":"C"]:
    #遍历每一列中的每一行
    for r in col:
        r.font = Font(name = '微软雅黑',size = 12,color = "FFFFFFFF")
        r.fill=PatternFill(fill_type='solid',start_color='FFFF6100')
        r.border=Border(left=Side(border_style="thin",color="FF0F0F0F"),
                    right=Side(border_style="thin",color="FF0F0F0F"),
                    top=Side(border_style="thin",color="FF0F0F0F"),
                    bottom=Side(border_style="thin",color="FF0F0F0F"))

wb.save(r'C:\Users\zhangjunhong\Desktop\font_all_style.xlsx')
```

运行上面代码会得到如图 4-13 所示结果，可以看到全部单元格的格式都被设置成功。

	A	B	C	D
1	col_1	col_2	col_3	
2	2	30	30	
3	3	30	25	
4	4	40	30	
5	5	20	10	
6	6	25	5	
7	7	50	10	
8				

图 4-13

上面代码通过遍历每一列中的单元格，从而达到对每一个单元格进行样式设置的目的。我们也可以通过遍历每一行单元格对其进行设置，只需要把遍历列的 for 循环改成遍历行的 for 循环，其他部分保持不变，代码如下。

```
#遍历每一行
for row in ws[1:7]:
    #遍历每一行中的每一列
    for c in row:
        c.font = Font()
        c.fill = PatternFill()
        c.border = Border()
```

上面代码是对一整行中的每一列进行格式调整，还可以只对部分区域进行格式调整。比如我们只对 B3:C5 单元格区域进行格式调整，则只需要修改遍历一整行或者一整列部分的代码，其他部分保持不变，如下所示。

```
#遍历指定区域中的每一行
for row in ws["B3":"C5"]:
    #遍历每一行中的每一列
    for c in row:
        c.font = Font()
        c.fill = PatternFill()
        c.border = Border()
```

只对 B3:C5 单元格区域进行格式调整以后的结果如图 4-14 所示。

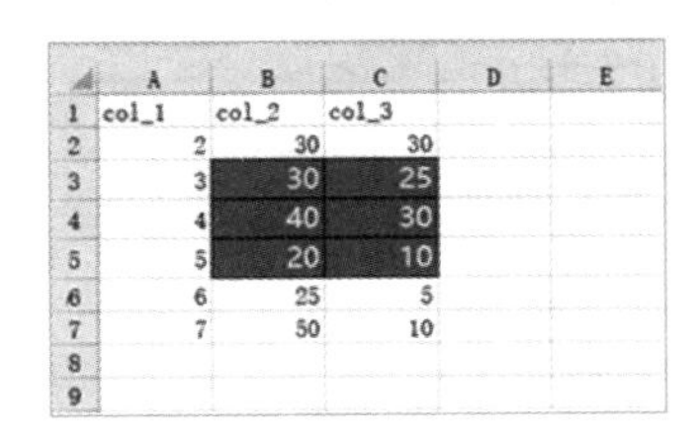

	A	B	C	D	E
1	col_1	col_2	col_3		
2	2	30	30		
3	3	30	25		
4	4	40	30		
5	5	20	10		
6	6	25	5		
7	7	50	10		
8					
9					

图 4-14

05 第 5 章 用 Python 设置 Excel 对齐方式

Excel 中对齐相关设置在“开始”选项卡的“对齐方式”组中，如图 5-1 所示，主要包括水平方向对齐、垂直方向对齐、自动换行、缩进、单元格合并等。

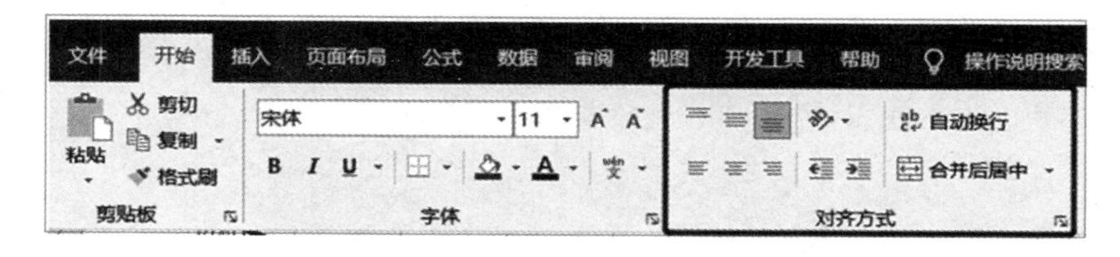

图 5-1

5.1 设置对齐方式

基本的对齐方式设置是指除单元格合并以外的其他对齐相关设置。

Excel 实现

在 Excel 中，要对单元格进行对齐设置时，先选中要设置的单元格，然后点击功能区中不同的设置选项，即可完成对应的设置，如图 5-2 所示。

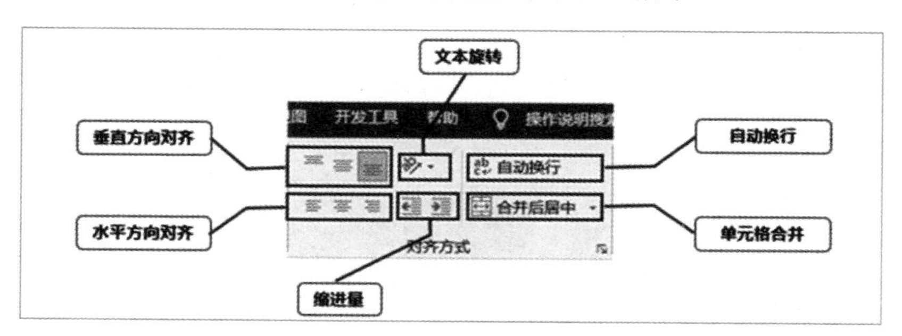

图 5-2

Python 实现

在 Python 中，要对单元格进行对齐设置时，需要用到 Alignment()函数，该函数的具体参数如下。

```
Alignment(horizontal='general', #水平对齐
        vertical='bottom',  #垂直对齐
        text_rotation=0,  #文本旋转
        wrap_text=False,  #是否换行
        shrink_to_fit=False, #是否缩小字体适应列宽
        indent=0) #缩进
```

- horizontal 参数用来设置水平方向的对齐类型，该参数可选的参数值及对应的对齐方式如表 5-1 所示。

表 5-1

参数值	水平对齐方式
justify	两端对齐
fill	填满对齐
left	左对齐
general	一般对齐
right	右对齐
center	居中对齐
distributed	分散对齐

- vertical 参数用来设置垂直方向的对齐类型，该参数可选的参数值及对应的对齐方式如表 5-2 所示。

表 5-2

参数值	垂直对齐方式
bottom	靠下
justify	两端对齐
center	居中
distributed	分散对齐
top	靠上

- text_rotation 参数用来设置文本旋转的角度，直接传入具体的角度值即可。
- wrap_text 参数用来设置文本是否自动换行，参数值为 True 时自动换行，为 False 时不自动换行，默认为 False。

- shrink_to_fit 参数用来设置文本是否需要自适应，自适应是指单元格中的文本根据单元格的大小自行调整文本字体的大小，以适应单元格的大小。
- indent 参数用来设置缩进字符，直接传入要缩进的字符数即可。
- 如果要对某个单元格进行对齐设置，则只需要让这个单元格的 alignment 属性等于 Alignment()函数，并在 Alignment()函数中指明具体的设置参数。格式如下。

```
a1.alignment = Alignment()  #a1 表示单元格
```

我们对 B1 至 B9 单元格分别设置不同的水平对齐方式，代码如下。

```
from openpyxl import Workbook
from openpyxl.styles import Alignment
wb = Workbook()
ws = wb.active

ws['B1'] = "两端对齐"
a1 = ws['B1']
a1.alignment = Alignment(horizontal = "justify")

ws['B2'] = "填满对齐"
a1 = ws['B2']
a1.alignment = Alignment(horizontal = "fill")

ws['B3'] = "填满对齐填满对齐填满对齐"
a1 = ws['B3']
a1.alignment = Alignment(horizontal = "fill")

ws['B4'] = "左对齐"
a1 = ws['B4']
a1.alignment = Alignment(horizontal = "left")

ws['B5'] = "右对齐"
a1 = ws['B5']
a1.alignment = Alignment(horizontal = "right")

ws['B6'] = "一般对齐"
a1 = ws['B6']
a1.alignment = Alignment(horizontal = "general")

ws['B7'] = "一般对齐一般对齐一般对齐"
a1 = ws['B7']
a1.alignment = Alignment(horizontal = "general")

ws['B8'] = "居中对齐"
a1 = ws['B8']
```

```
a1.alignment = Alignment(horizontal = "center")

ws['B9'] = "分散对齐"
a1 = ws['B9']
a1.alignment = Alignment(horizontal = "distributed")

wb.save(r'C:\Users\zhangjunhong\Desktop\alignment_horizontal.xlsx')
```

运行上面代码会得到如图 5-3 所示结果。

	A	B	C	D
1		两端对齐		
2		填满对齐		
3		填满对齐填满对齐		
4		左对齐		
5		右对齐		
6		一般对齐		
7		一般对齐一般对齐一般对齐		
8		居中对齐		
9		分　散　对　齐		
10				

图 5-3

- B1 单元格是两端对齐。两端对齐是指如果文本内容占满一行，那么就靠两个边界对齐，如果文本内容没有占满一行，则以左对齐的方式显示。
- B2 单元格是填满对齐。填满对齐就是将整个单元格都填满。同样，如果文本内容没有占满一行，则以左对齐的方式显示。
- B3 单元格也是填满对齐。与 B2 单元格不同的是文本内容占满了一行，所以将整个单元格填满显示。
- B4 单元格是左对齐，就是靠左显示。
- B5 单元格是右对齐，就是靠右显示。
- B6 单元格是一般对齐，一般对齐默认的还是左对齐。
- B7 单元格也是一般对齐，但是文本内容占满了一行，这时文本内容展示会超出单元格。而填满对齐中，如果文本内容超过一行，展示时则不会超出单元格。
- B8 单元格是居中对齐，就是靠中间展示。
- B9 单元格是分散对齐。分散对齐是指如果文本内容没有占满一行，则自动调整字间距，使其占满一行。

下面，我们对 A1、B2、C3 单元格分别设置不同的垂直对齐方式，代码如下。

```
from openpyxl import Workbook
from openpyxl.styles import Alignment
wb = Workbook()
```

```
ws = wb.active

ws['A1'] = "底部对齐"
a1 = ws['A1']
a1.alignment = Alignment(vertical = "bottom")

ws['B2'] = "居中对齐"
a1 = ws['B2']
a1.alignment = Alignment(vertical = "center")

ws['C3'] = "上部对齐"
a1 = ws['C3']
a1.alignment = Alignment(vertical = "top")

wb.save(r'C:\Users\zhangjunhong\Desktop\alignment_vertical.xlsx')
```

运行上面代码会得到如图 5-4 所示结果。

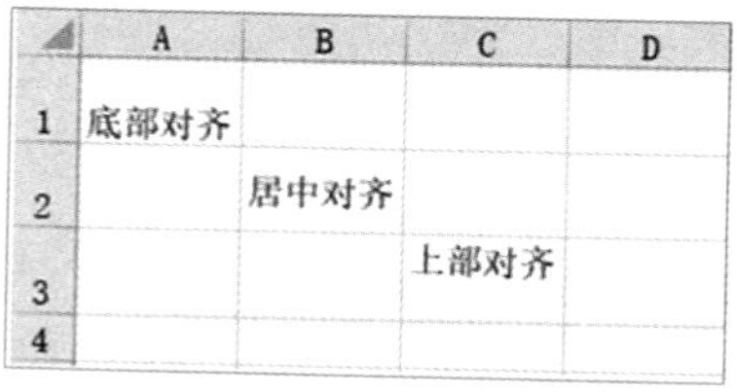

	A	B	C	D
1	底部对齐			
2		居中对齐		
3			上部对齐	
4				

图 5-4

- A1 单元格是底部对齐，就是靠单元格的下方对齐。
- B2 单元格是居中对齐，就是位于单元格的中部。
- C3 单元格是上部对齐，就是靠单元格的上方对齐。

我们对 A1、B2、C3、D4、E5 单元格设置除对齐外的其他设置，代码如下。

```
from openpyxl import Workbook
from openpyxl.styles import Alignment
wb = Workbook()
ws = wb.active

ws['A1'] = "我要旋转 30 度"
a1 = ws['A1']
a1.alignment = Alignment(text_rotation = 30)

ws['B2'] = "我不换行我不换行"

ws['C3'] = "我要换行我要换行"
a1 = ws['C3']
a1.alignment = Alignment(wrap_text = True)
```

```
ws['D4'] = "我会自己调整大小"
a1 = ws['D4']
a1.alignment = Alignment(shrink_to_fit = True)

ws['E5'] = "缩进 2 个字符"
a1 = ws['E5']
a1.alignment = Alignment(indent = 2)

wb.save(r'C:\Users\zhangjunhong\Desktop\alignment_other.xlsx')
```

运行上面代码会得到如图 5-5 所示结果。

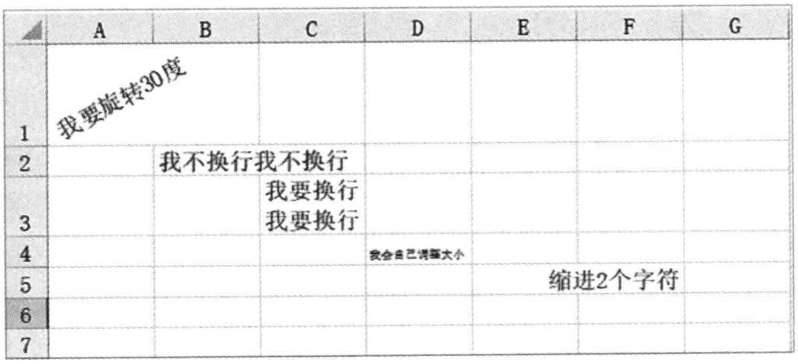

	A	B	C	D	E	F	G
1	我要旋转30度						
2		我不换行我不换行					
3			我要换行 我要换行				
4				我会自己调整大小			
5					缩进2个字符		
6							
7							

图 5-5

- A1 单元格的文本内容旋转 30 度，需要注意的是，该角度是逆时针旋转的。
- B2 单元格是常规的超过单元格长度的文本，会显示在单元格的外面。
- C3 单元格是对类似 B2 这种超过单元格长度的文本进行自动换行的，以此来保证文本内容全部展示在单元格中。
- D4 单元格也是对超过单元格长度的文本进行自动调整大小的设置，会将字体自动调小，以此来保证文本内容全部展示在单元格中。
- E5 单元格是单元格中的文本缩进 2 个字符。

5.2 合并与解除单元格

Excel 实现

在 Excel 中，如果要对单元格进行合并，则只需选中要合并的单元格，然后点击“开始”选项卡下的“合并后居中”命令。如果要解除合并的单元格，同样也是选中待解除的单元格，然后点击“开始”选项卡下的“合并后居中”命令。

Python 实现

在 Python 中，如果要对单元格进行合并，则需要用到 merge_cells()函数，该函数的形式如下。

```
ws.merge_cells('A2:D2')
```

- ws 表示要操作的工作簿，括号中写明要合并的单元格。

下面我们对 A2:D2 单元格区域进行合并，具体代码如下。

```
from openpyxl.workbook import Workbook

wb = Workbook()
ws = wb.active
ws["A2"] = "我是合并单元格"
ws.merge_cells('A2:D2') #合并单元格

wb.save(r'C:\Users\zhangjunhong\Desktop\merge.xlsx')
```

运行上面代码会得到如图 5-6 所示结果，可以看到 A2:D2 单元格区域被合并为 1 个单元格。

	A	B	C	D	E
1					
2	我是合并单元格				
3					

图 5-6

如果要对一个已经合并的单元格进行解除操作，则需要用到 unmerge_cells()函数，该函数的形式与 merge_cells()函数一致。

下面我们先对 A2:D2 单元格区域进行合并，然后对其行解除合并，具体代码如下。

```
from openpyxl.workbook import Workbook

wb = Workbook()
ws = wb.active
ws["A2"] = "我是合并单元格"
ws.merge_cells('A2:D2') #合并单元格
ws.unmerge_cells('A2:D2') #解除合并

wb.save(r'C:\Users\zhangjunhong\Desktop\unmerge.xlsx')
```

运行上面代码会得到如图 5-7 所示结果，可以看到 A2:D2 单元格区域是未合并状态。

	A	B	C	D	E
1					
2	我是合并单元格				
3					
4					

图 5-7

5.3 设置合并单元格样式

上面是对单元格进行合并与解除的设置，除了合并，我们还需要对合并后的单元格也进行样式设置。

合并后的单元格本质上还是一个单元格，所以对合并后的单元格进行样式设置的方法与对单个单元格进行设置的方法是一样的。只不过需要指明合并后的单元格是哪个，一般用左上角的单元格表示，即 top_left_cell。

下面我们对 B2:F4 单元格区域进行合并，然后指明合并后单元格的左上角单元格（top_left_cell）是哪个，对这个单元格进行样式设置就是对合并后的单元格进行设置，代码如下。

```
from openpyxl.styles import Border, Side, PatternFill, Font, Alignment
from openpyxl import Workbook

wb = Workbook()
ws = wb.active
ws.merge_cells('B2:F4')

top_left_cell = ws['B2']
top_left_cell.value = "My Cell"

top_left_cell.fill = PatternFill("solid", fgColor="DDDDDD")
top_left_cell.font = Font(bold=True, color="FF0000")
top_left_cell.alignment=Alignment(horizontal="center", vertical="center")

wb.save(r'C:\Users\zhangjunhong\Desktop\styled.xlsx')
```

运行上面代码会得到如图 5-8 所示结果。

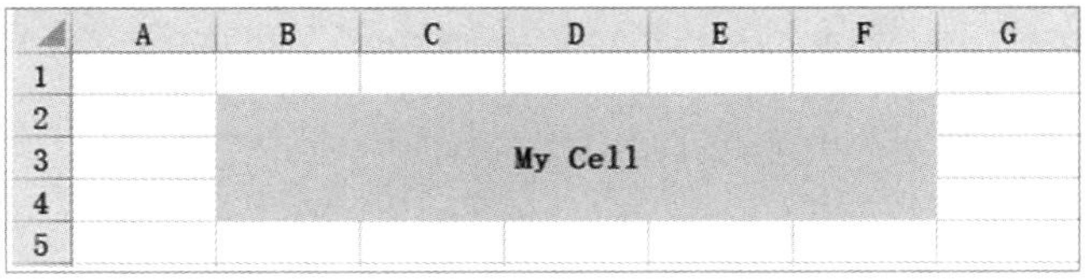

	A	B	C	D	E	F	G
1							
2		My Cell					
3							
4							
5							

图 5-8

5.4 案例：批量设置单元格对齐方式

在 4.2.4 节批量对多个单元格进行字体设置的基础上，我们对多个单元格进行对齐方式设置，别的代码都不需要做更改，只需要在 for 循环里面增加对齐设置的代码。

除此之外，再增加一个标题行，并对其进行合并单元格设置，具体实现代码如下。

```
#对全部数据进行设置(通过列进行设置)
from openpyxl import Workbook
from openpyxl.styles import colors
from openpyxl.styles import Font
from openpyxl.styles import PatternFill
from openpyxl.styles import Border, Side
from openpyxl.styles import Alignment
wb = Workbook()
ws = wb.active

rows = [
    ['xxx指标情况','',''],
    ['col_1', 'col_2', 'col_3'],
    [2, 30, 30],
    [3, 30, 25],
    [4, 40, 30],
    [5, 20, 10],
    [6, 25, 5],
    [7, 50, 10],
]

for row in rows:
    ws.append(row)

for col in ws["A":"C"]:
    for r in col:
        r.font = Font(name = '微软雅黑',size = 12,color = "FFFFFFFF")
        r.fill = PatternFill(fill_type = 'solid',start_color= 'FFFF6100')
        r.border = Border(left = Side(border_style = "thin",color = "FF0F0F0F"),
                    right = Side(border_style = "thin",color = "FF0F0F0F"),
                    top = Side(border_style = "thin",color = "FF0F0F0F"),
                    bottom = Side(border_style = "thin",color = "FF0F0F0F"))
        r.alignment = Alignment(horizontal = "center",vertical = "center")

#合并单元格设置
ws.merge_cells('A1:C1')
top_left_cell = ws['A1']
top_left_cell.font = Font(name = '微软雅黑',size = 12,color = "FFFFFFFF",bold=True)

wb.save(r'C:\Users\zhangjunhong\Desktop\all_cell_alignment_style.xlsx')
```

运行上面代码会得到如图 5-9 所示结果，可以看到单元格中的内容不管是水平方向还是垂直方向都为居中对齐，其标题行被合并，且字体加粗。

	A	B	C	D
1	xxx指标情况			
2	col_1	col_2	col_3	
3	2	30	30	
4	3	30	25	
5	4	40	30	
6	5	20	10	
7	6	25	5	
8	7	50	10	
9				

图 5-9

06

第 6 章 用 Python 设置 Excel 数字、条件格式

6.1 用 Python 设置 Excel 数字格式

Excel 中的数字格式设置在“开始”选项卡的“数字”组中，如图 6-1 所示，主要是对数字的显示格式进行设置。

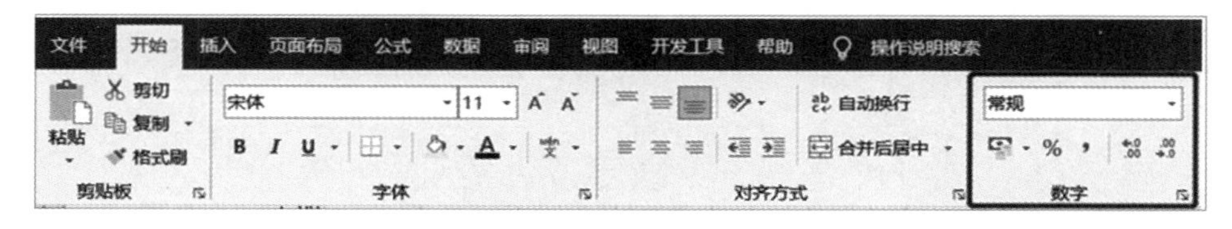

图 6-1

Excel 实现

在 Excel 中，要对数字的显示格式进行调整，先选中待调整的数据，然后点击如图 6-2 所示的三角，就会出现多种数据格式可供选择，选择需要的数据格式即可。

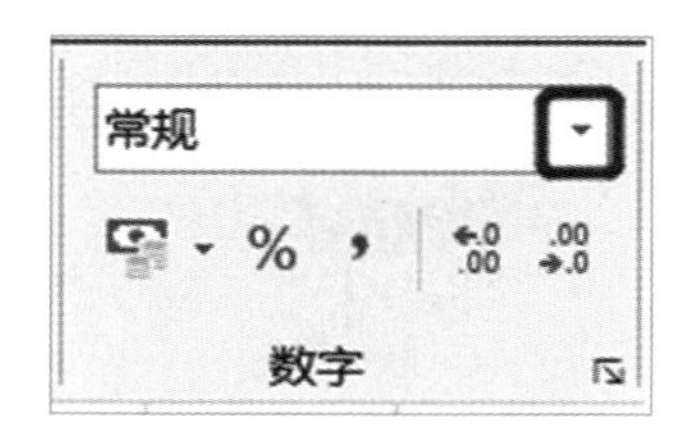

图 6-2

Excel 中主要有如图 6-3 所示的数字格式可选。

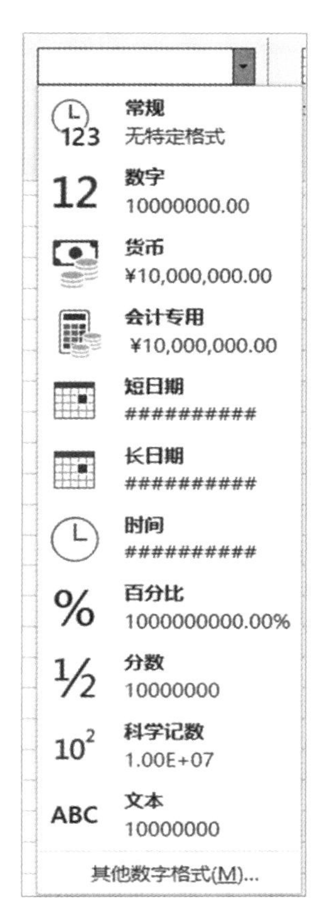

图 6-3

Python 实现

在 Python 中，要对数字的显示格式进行调整，需要用到 number_format 属性，具体形式如下。

```
a1.number_format = '格式'
```

格式可选的值及对应的数字类型如表 6-1 所示。

表 6-1

代　码	说　明
General	常规
'0'	整数格式
'0.00'	小数点格式（小数点位数可以设置）
'0%'	百分比格式

续表

代　　码	说　　明
'0.00%'	带小数点的百分比格式
'#,##0'	货币格式
'#,##0.00'	带小数点的货币格式
'0.00E+00'	科学计数法
'mm-dd-yy'	短日期格式
'h:mm:ss'	时分秒格式

我们分别赋予 A1 至 A9 单元格不同的值，并设置不同的数字格式，代码如下。

```
from openpyxl import Workbook
import datetime

wb = Workbook()
ws = wb.active

ws["A1"] = 1
ws["A1"].number_format = 'General'

ws["A2"] = 1
ws["A2"].number_format = "0.00"

ws["A3"] = 1
ws["A3"].number_format = '0%'

ws["A4"] = 1
ws["A4"].number_format = '0.00%'

ws["A5"] = 100000
ws["A5"].number_format = '#,##0'

ws["A6"] = 10000000
ws["A6"].number_format = '0.00E+00'

ws["A7"] = datetime.datetime(2019,6,20,10,30,50)

ws["A8"] = datetime.datetime(2019,6,20,10,30,50)
ws["A8"].number_format = 'mm-dd-yy'

ws["A9"] = datetime.datetime(2019,6,20,10,30,50)
ws["A9"].number_format = 'h:mm:ss'

wb.save(r'C:\Users\zhangjunhong\Desktop\number_format.xlsx')
```

运行上面代码会得到如图 6-4 所示结果。

	A	B
1	1	
2	1.00	
3	100%	
4	100.00%	
5	100,000	
6	1.00E+07	
7	2019-06-20 10:30:50	
8	2019/6/20	
9	10:30:50	
10		

图 6-4

- 我们将 A1 单元格的数字格式设置成了“常规”。
- 将 A2 单元格设置成了保留 2 位小数的小数格式。如果需要保留其他位数，则只需要把 0.00 中小数点后面 0 的个数改成相应的位数，比如要保留 3 位小数，就改成 0.000。
- 将 A3 单元格设置成百分比格式。
- 将 A4 单元格设置成保留 2 位小数的百分比格式。如果要保留其他位的小数，则也是更改小数点后面 0 的个数即可。
- 将 A5 单元格设置成货币格式。
- 将 A6 单元格设置成科学计数法。
- 给 A7 单元格赋予一个“年月日时分秒”格式的日期时间。
- 将 A8 单元格设置成“年月日”的短日期格式。
- 将 A9 单元格设置成“时分秒”的时间格式。

6.2 用 Python 设置 Excel 条件格式

Excel 中的条件格式设置主要包括突出显示单元格规则、数据条、色阶、图标集 4 种类型，如图 6-5 所示。

图 6-5

6.2.1 突出显示单元格

突出显示单元格设置也可以称为标准条件格式设置，主要是对满足某些标准条件的单元格进行突出显示。

Excel 实现

在 Excel 中要对单元格进行突出显示设置，先选中需要设置的单元格，然后依次点击“开始”选项卡中的“条件格式>突出显示单元格”命令，选择要设置的条件，满足条件的单元格会被突出显示。

Python 实现

在 Python 中要对单元格进行突出显示设置，需要用到 conditional_formatting 属性，具体使用形式如下。

```
ws.conditional_formatting.add('A1:B10',rule)
```

ws 表示某个工作簿中的整个 Sheet，'A1:B10'是要设置格式的单元格区域。

rule 表示具体的条件。关于 rule 还有一个具体的函数 CellIsRule()，该函数的具体形式如下。

```
CellIsRule(operator='lessThan', formula=['C$1'],fill=redFill)
```

- operator 表示具体的条件类型是什么，可选的参数值及对应的类型如表 6-2 所示。

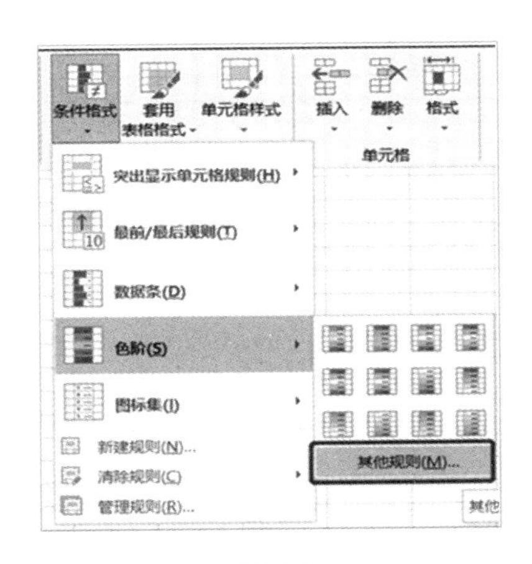

图 6-7

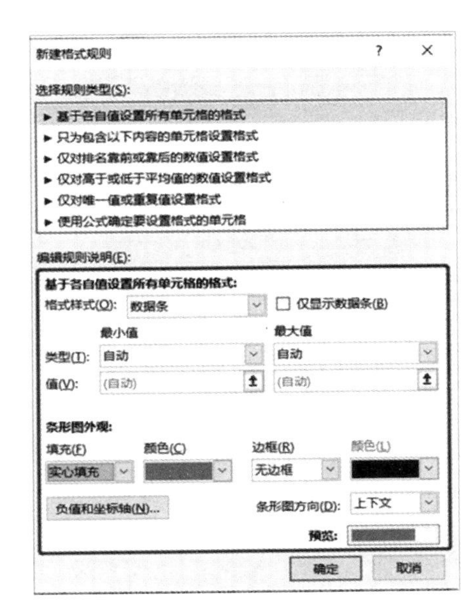

图 6-8

因为数据条有长有短，数据条的长短就是根据数值的大小来进行设置的，默认情况下最短的数据条对应最小的数值，最长的数据条对应最大的数值。我们也可以对数据条对应的最小值和最大值进行设置。关于最小值和最大值的可选类型有数字、百分比、公式、百分点值、自动等，可以根据需要进行选择。

我们可以对数据条的长短、填充类型、填充颜色、边框线等进行设置。

Python 实现

在 Python 中要对单元格进行数据条设置，也需要用到 conditional_formatting 属性，还需要用到 DataBarRule()函数，该函数的参数形式如下。

```
DataBarRule(start_type='percentile',start_value=10
        ,end_type='percentile', end_value='90'
        ,color="FF638EC6", showValue="None")
```

- start_type 对应 Excel 中的最小值类型，可选的参数值及对应的含义如表 6-3 所示。

表 6-3

参数值	类　型
percentile	百分点值（分位数）
formula	公式
percent	百分比

续表

参数值	类　型
max	最大值
num	数字
min	最小值

- start_value 用于指定 start_type 的值。
- end_type 和 end_value 用于设置最大值类型和其对应的值。
- color 用于设置数据条的颜色。
- showValue 用于设置是否显示数据条上的数字。

我们对 A1:A10 单元格区域进行数据条设置，代码如下。

```
#对多行多列数据进行格式设置
from openpyxl import Workbook
from openpyxl.formatting.rule import DataBarRule

wb = Workbook()
ws = wb.active

data = [[61,16],
        [69,67],
        [48,78],
        [69,43],
        [39,78],
        [15,13],
        [99,90],
        [46,87],
        [45,44],
        [91,37]]
for r in data:
    ws.append(r)

rule = DataBarRule(start_type='min',  end_type='max',color= "FF638EC6",
showValue=True)

ws.conditional_formatting.add('A1:A10',rule)

wb.save(r'C:\Users\zhangjunhong\Desktop\DataBar1.xlsx')
```

运行上面代码会得到如图 6-9 所示结果。

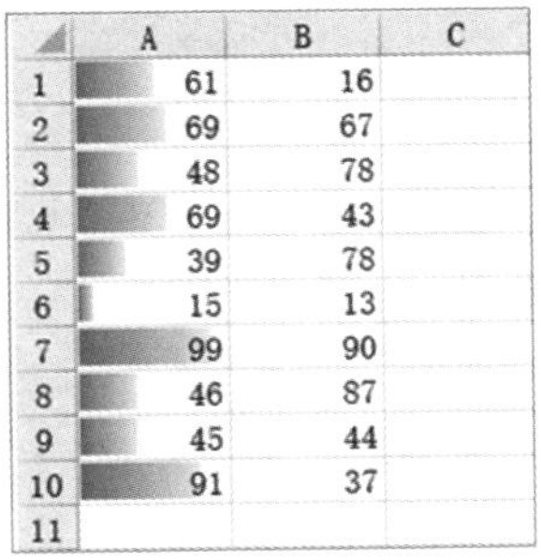

	A	B	C
1	61	16	
2	69	67	
3	48	78	
4	69	43	
5	39	78	
6	15	13	
7	99	90	
8	46	87	
9	45	44	
10	91	37	
11			

图 6-9

可以看到，A1:A10 单元格区域都被设置了数据条格式。需要注意的是，当最小值类型选择了 min 后，就不需要给 start_value 赋任何值了，最大值也是同理。

我们将最小值和最大值类型都设为'num'，并赋予不同的值，代码如下。

```
#对多行多列数据进行格式设置
from openpyxl import Workbook
from openpyxl.formatting.rule import DataBarRule

wb = Workbook()
ws = wb.active

data = [[61,16],
        [69,67],
        [48,78],
        [69,43],
        [39,78],
        [15,13],
        [99,90],
        [46,87],
        [45,44],
        [91,37]]
for r in data:
    ws.append(r)

rule = DataBarRule(start_type='num', start_value=10, end_type='num',
end_value='100',
                   color="FF638EC6", showValue=True)

ws.conditional_formatting.add('A1:A10',rule)

wb.save(r'C:\Users\zhangjunhong\Desktop\DataBar2.xlsx')
```

运行上面代码会得到如图 6-10 所示结果。

	A	B	C
1	61	16	
2	69	67	
3	48	78	
4	69	43	
5	39	78	
6	15	13	
7	99	90	
8	46	87	
9	45	44	
10	91	37	
11			

图 6-10

上面只是对 A1:A10 单元格区域进行数据条的设置，如果我们想同时对多列单元格进行数据条设置，则只需把 ws.conditional_formatting.add('A1-A10',rule)中的'A1-A10'修改成要设置的多列单元格的范围即可，比如'A1-B10'。

6.2.3 色阶

色阶设置是指将数据按照不同值的大小展示为不同颜色的设置方法。

Excel 实现

在 Excel 中，如果要对数据进行色阶的设置，则先选中需要设置的单元格，然后依次点击“开始”选项卡中的“条件格式>色阶”命令，在弹出的下拉菜单中选择需要的样式。

上面这种设置出来的结果是默认的色阶样式，如果想要自定义色阶样式，那么可以点击如图 6-11 所示的“其他规则”命令。

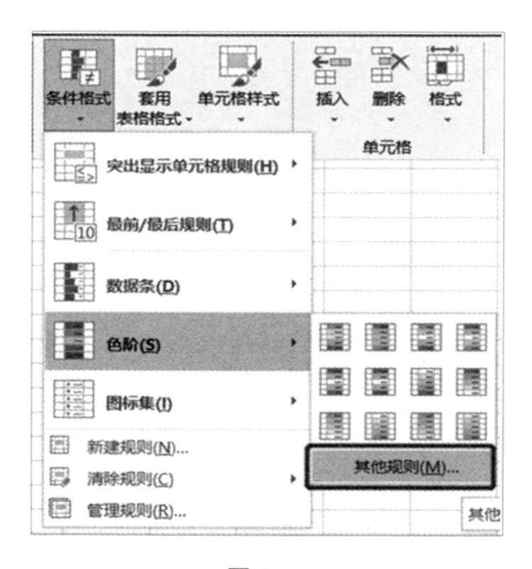

图 6-11

之后弹出如图 6-12 所示界面。图 6-12 中下面部分就是可以进行自定义的内容。默认的色阶格式样式是双色刻度，双色刻度就是在起点有一个颜色，终点有一个颜色，过程中是两个颜色的过渡色。与数据条格式设置一样，需要指明最小值与最大值的类型及对应的值。除此之外，色阶设置还增加了最小值和最大值对应的颜色设置。

新建格式规则

选择规则类型(S):

- ► 基于各自值设置所有单元格的格式
- ► 只为包含以下内容的单元格设置格式
- ► 仅对排名靠前或靠后的数值设置格式
- ► 仅对高于或低于平均值的数值设置格式
- ► 仅对唯一值或重复值设置格式
- ► 使用公式确定要设置格式的单元格

编辑规则说明(E):

基于各自值设置所有单元格的格式:

格式样式(O): 双色刻度

	最小值	最大值
类型(T):	最低值	最高值
值(V):	(最低值)	(最高值)
颜色(C):		

预览:

确定　取消

图 6-12

我们也可以将色阶刻度调整为三色刻度，在格式样式那里选择“三色刻度”即可，此时就会增加一个中间值及中间值对应的颜色，如图 6-13 所示。

新建格式规则

选择规则类型(S):

- ► 基于各自值设置所有单元格的格式
- ► 只为包含以下内容的单元格设置格式
- ► 仅对排名靠前或靠后的数值设置格式
- ► 仅对高于或低于平均值的数值设置格式
- ► 仅对唯一值或重复值设置格式
- ► 使用公式确定要设置格式的单元格

编辑规则说明(E):

基于各自值设置所有单元格的格式:

格式样式(O): 三色刻度

	最小值	中间值	最大值
类型(T):	最低值	百分点值	最高值
值(V):	(最低值)	50	(最高值)
颜色(C):			

预览:

确定　取消

图 6-13

Python 实现

在 Python 中要进行色阶设置，也需要用到 conditional_formatting 属性，还需要用到 ColorScaleRule()函数，该函数的参数形式如下。

```
ColorScaleRule(start_type='percentile', start_value=10, start_color='FFAA0000',
               mid_type='percentile', mid_value=50, mid_color='FF0000AA',
               end_type='percentile', end_value=90, end_color='FF00AA00')
```

- start_type 表示最小值的类型，可选参数值与数据条设置中可选的参数值是一样的。
- start_value 表示最小值对应的值。
- start_color 表示最小值对应的颜色。
- mid 表示中间值的情况。
- end 表示最大值的情况。
- 如果设置为双色刻度，省略 mid 相关参数即可。

我们将 A1:A10 单元格区域设置成双色刻度的色阶，将 B1:B10 单元格区域设置成三色刻度的色阶，代码如下。

```
import numpy as np
from openpyxl import Workbook
from openpyxl.formatting.rule import ColorScaleRule

wb = Workbook()
ws = wb.active

data = [[61,16],
        [69,67],
        [48,78],
        [69,43],
        [39,78],
        [15,13],
        [99,90],
        [46,87],
        [45,44],
        [91,37]]
for r in data:
    ws.append(r)

ws.conditional_formatting.add('A1:A10',
            ColorScaleRule(start_type='min', start_color='FFFFF0F5',
                           end_type='max', end_color='FFFF7F00')
                          )

ws.conditional_formatting.add('B1:B10',
              ColorScaleRule(start_type='percentile', start_value=10,
```

```
start_color='FFFFE4E1',
                            mid_type='percentile', mid_value=50,
mid_color='FFFFC1C1',
                            end_type='percentile', end_value=90,
end_color='FFFF3030')
                              )
wb.save(r'C:\Users\zhangjunhong\Desktop\ColorScale.xlsx')
```

运行上面代码会得到如图 6-14 所示结果。

	A	B	C
1	61	16	
2	69	67	
3	48	78	
4	69	43	
5	39	78	
6	15	13	
7	99	90	
8	46	87	
9	45	44	
10	91	37	
11			

图 6-14

6.2.4 图标集

图标集设置是指将数据用图标的形式展示。

最典型的图标就是我们每个人手机中的手机信号、电量信号，将手机信号的强弱、电量的多少用图标的形式展示。

Excel 实现

在 Excel 中，如果要对数据进行图标集的设置，则先选中需要设置的单元格，然后依次点击“开始”选项卡中的“条件格式>图标集”命令，在弹出的下拉菜单中选择需要的样式。

上面这种设置出来的结果是默认的图标集样式，如果想要自定义图标集样式，那么可以点击如图 6-15 所示的“其他规则”命令。

之后弹出如图 6-16 所示界面。图 6-16 中下面的部分就是可以进行自定义的内容。我们可以对图标样式进行设置，点击图标样式的下拉菜单选择适合的图标。

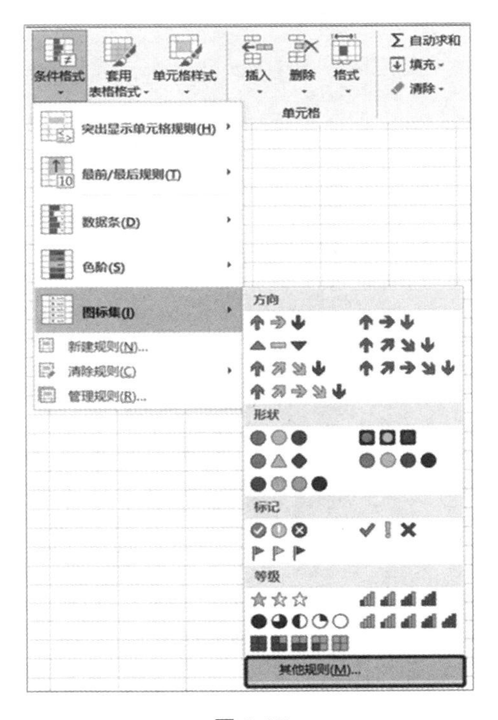
条件格式
套用表格格式
单元格样式
插入
删除
格式
单元格
自动求和
填充
清除
突出显示单元格规则(H)
最前/最后规则(T)
数据条(D)
色阶(S)
图标集(I)
新建规则(N)...
清除规则(C)
管理规则(R)...
方向
形状
标记
等级
其他规则(M)...

图 6-15

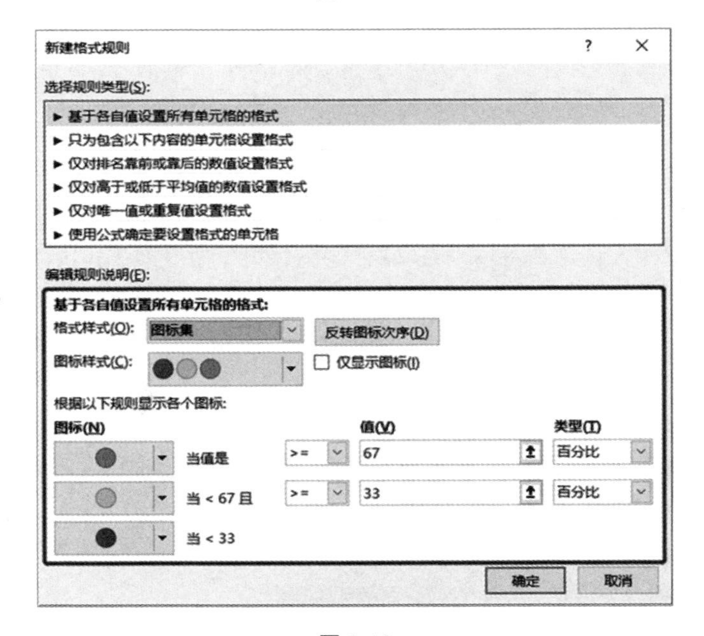
新建格式规则
选择规则类型(S):
▶ 基于各自值设置所有单元格的格式
▶ 只为包含以下内容的单元格设置格式
▶ 仅对排名靠前或靠后的数值设置格式
▶ 仅对高于或低于平均值的数值设置格式
▶ 仅对唯一值或重复值设置格式
▶ 使用公式确定要设置格式的单元格
编辑规则说明(E):
基于各自值设置所有单元格的格式:
格式样式(O): 图标集
反转图标次序(D)
图标样式(C):
仅显示图标(I)
根据以下规则显示各个图标:
图标(N)
值(V)
类型(T)
当值是 >= 67 百分比
当 < 67 且 >= 33 百分比
当 < 33
确定
取消

图 6-16

选择指定的图标样式以后，再选择不同图标需要满足的条件类型及具体的条件值。这里值的类型与前面条件格式中值的类型基本一致。

需要注意的是，不同图标集需要设置的条件数是不一样的，比如图 6-17，我们选择了 5 个图标的图标集，需要设置 4 个条件。

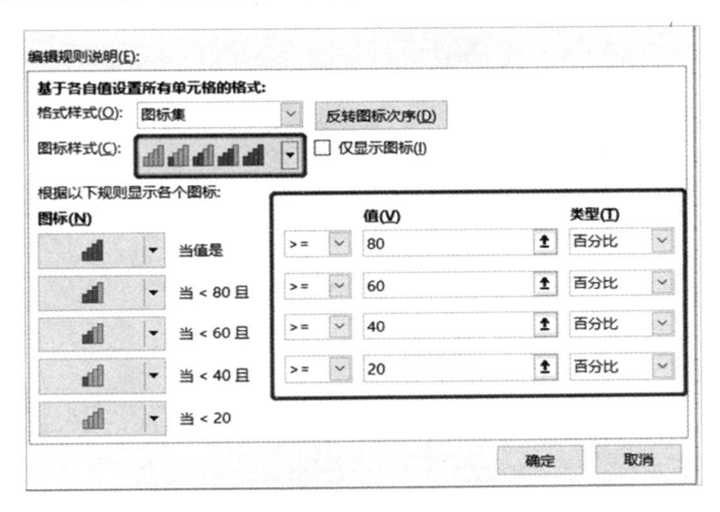

图 6-17

根据实际情况选择需要的图标集数及对应的图标集需要满足的条件即可。除此之外，还可以设置是否只展示图标，不展示具体的数字；是否反转图标，图 6-18 是反转图标前后的效果图。

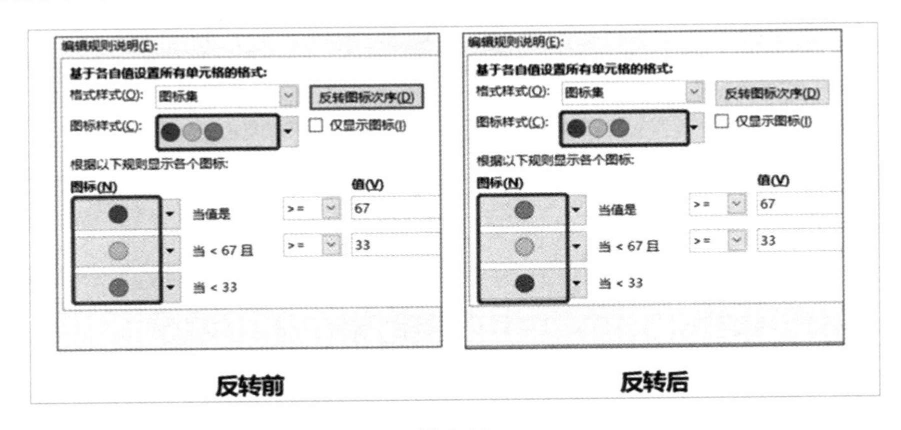

图 6-18

Python 实现

在 Python 中要设置图标集，也需要用到 conditional_formatting 属性，还需要用到 IconSet()函数，该函数的形式如下。

```
IconSet(iconSet='3TrafficLights1', percent=None
      , cfvo=[first, second, third]
      , showValue=None, reverse=None)
```

- iconSet 用于指明图标类型，可选的参数值及对应的图标类型如表 6-4 所示。

表 6-4

参数值	图标类型
3Arrows	三向箭头（彩色）
3ArrowsGray	三向箭头（灰色）
3Flags	三色旗
3TrafficLights1	三色红绿灯（无边框）
3TrafficLights2	三色红绿灯（有边框）
3Signs	三标志
3Symbols	三个符号（有圆圈）
3Symbols2	三个符号（无圆圈）
4Arrows	四向箭头（彩色）
4ArrowsGray	四向箭头（灰色）
4RedToBlack	红黑渐变
4Rating	四等级
4TrafficLights	四色红绿灯
5Arrows	五向箭头（彩色）
5ArrowsGray	五向箭头（灰色）
5Rating	五等级
5Quarters	五象限图

如果不太清楚每个图标的具体名称，则将鼠标光标放在 Excel 中的图标上，就会出现该图标的名称，如图 6-19 所示。

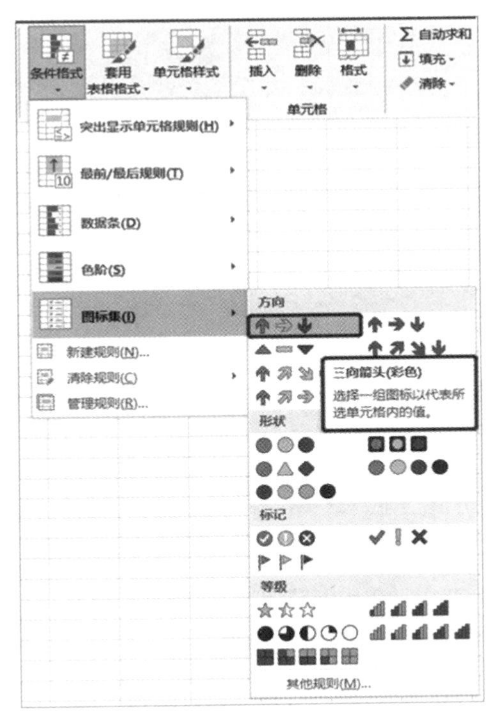

图 6-19

- percent 用于指明不同条件的类型，可选的参数值与前面条件格式中的值的类型是一致的。
- cfvo 用于指明不同条件需要满足的值，如果有 3 个条件，那么在 cfvo 的列表中放 3 个值就可以，如果有 4 个条件就放 4 个值。
- showValue 用于设置是否展示图标对应的值，False 表示不展示数值，True 表示展示具体数值。
- reverse 用于设置是否将图标进行反转，False 表示不进行反转，True 表示进行反转。

我们将 A1:A10 单元格区域设置成三色旗图标，且展示具体数值；将 B1:B10 单元格区域设置成三向箭头，且不展示具体数值，具体代码如下。

```
from openpyxl import Workbook
from openpyxl.formatting.rule import IconSetRule
from openpyxl.formatting.rule import ColorScaleRule

wb = Workbook()
ws = wb.active

data = [[61,16],
```

```
        [69,67],
        [48,78],
        [69,43],
        [39,78],
        [15,13],
        [99,90],
        [46,87],
        [45,44],
        [91,37]]
for r in data:
    ws.append(r)


rule1 = IconSetRule('3Flags', 'percent', [0,30,50], showValue=True, reverse=False)
rule2 = IconSetRule('3Arrows', 'percent', [0,30,50], showValue=False,
reverse=False)

ws.conditional_formatting.add('A1:A10',rule1)
ws.conditional_formatting.add('B1:B10',rule2)

wb.save(r'C:\Users\zhangjunhong\Desktop\IconSet.xlsx')
```

运行上面代码会得到如图 6-20 所示结果。

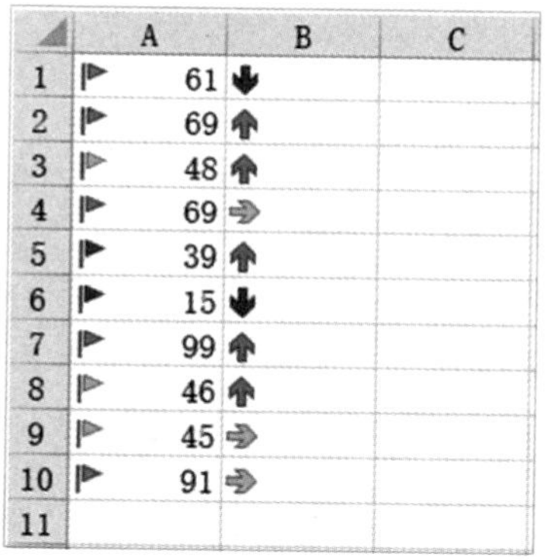

	A	B	C
1	61		
2	69		
3	48		
4	69		
5	39		
6	15		
7	99		
8	46		
9	45		
10	91		
11			

图 6-20

07 第 7 章 用 Python 设置 Excel 单元格

Excel 中的单元格相关设置在“开始”选项卡的“单元格”组中，如图 7-1 所示，主要包括单元格插入、删除和格式设置。而单元格插入比较常规的操作就是插入行或列，单元格删除也是删除行或列，格式设置一般主要是调整行高和列宽。

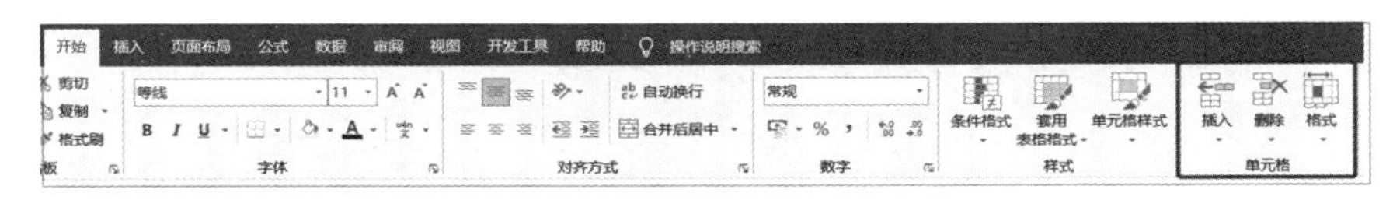

图 7-1

7.1 插入行或列

Excel 实现

在 Excel 中插入行，先选中某一行，然后单击鼠标右键，在弹出的快捷菜单中选择“插入”命令，即可完成行的插入，如图 7-2 所示。

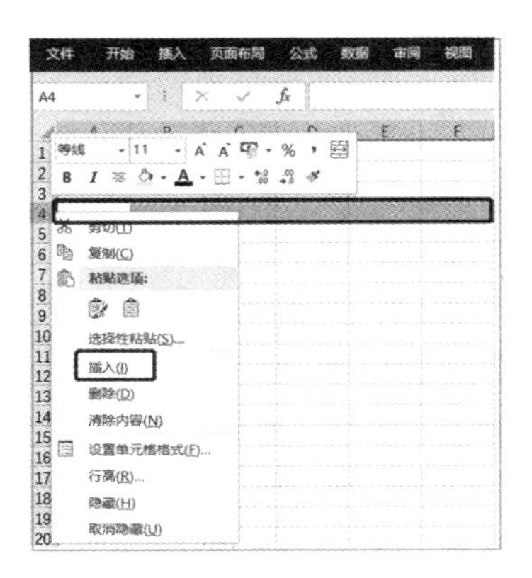

图 7-2

插入列也是同样的操作原理，先选中某一列，然后单击鼠标右键，在弹出的快捷菜单中选择“插入”命令，即可完成列的插入。

Python 实现

在 Python 中要实现行的插入需要用到 insert_rows()函数，该函数的形式如下。

```
ws.insert_rows(m,n)
```

ws 表示某一个 Sheet；m 表示要插入行的位置；n 表示要插入的行数。n 可以省略不写，不写则默认值为 1，即插入 1 行。

要实现列的插入需要用到 insert_cols()函数，该函数的形式如下。

```
ws.insert_cols(m,n)
```

ws 表示某一个 Sheet；m 表示要插入列的位置；n 表示要插入的列数。n 可以省略不写，不写则默认值为 1，即插入 1 列。

我们新建一个 Sheet，并对其赋值。为了对比插入前后的效果，我们把原 Sheet 复制一份，然后对其进行插入行/列的操作，代码如下。

```
from openpyxl import Workbook

wb = Workbook()
ws = wb.active

data = [[61,16,39,78],
        [69,67,15,13],
        [48,78,99,90],
        [69,43,46,87]
      ]
for row in data:
   ws.append(row)

ws1 = wb.copy_worksheet(ws)

#在第 3 行插入两行
ws1.insert_rows(3,2)

#在第 2 列插入 1 列
ws1.insert_cols(2)

wb.save(r'C:\Users\zhangjunhong\Desktop\insert_rowcol.xlsx')
```

运行上面代码会在该工作簿中生成两个 Sheet，第一个 Sheet 为插入行/列之前的效果，如图 7-3 所示。

	A	B	C	D	E
1	61	16	39	78	
2	69	67	15	13	
3	48	78	99	90	
4	69	43	46	87	
5					

图 7-3

第二个 Sheet 为插入行/列之后的效果，如图 7-4 所示。

	A	B	C	D	E	F
1	61		16	39	78	
2	69		67	15	13	
3						
4						
5	48		78	99	90	
6	69		43	46	87	
7						

图 7-4

7.2 删除行或列

删除行或列是插入行或列的逆向操作。

Excel 实现

在 Excel 中删除行，先选中要删除的行，然后单击鼠标右键，在弹出的快捷菜单中选择“删除”命令，如图 7-5 所示。

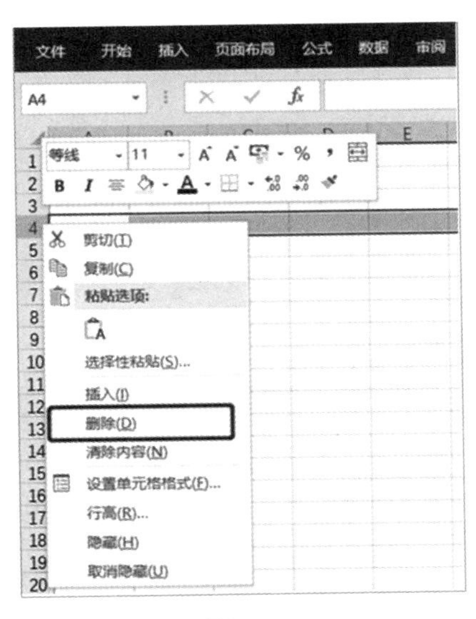

图 7-5

删除列也是同样的操作流程。

Python 实现

在 Python 中，如果要删除行，则需要用到 delete_rows()函数，该函数的形式如下。

```
ws.delete_rows(m,n)
```

ws 表示某一个 Sheet；m 表示开始删除行的行号；n 表示具体要删除的行数，如果不写，则默认值为 1，即删除 1 行。

如果要删除列，则需要用到 delete_cols()函数，该函数的形式如下。

```
ws.delete_cols(m,n)
```

ws 表示某一个 Sheet；m 表示开始删除列的列号；n 表示具体要删除的列数，如果不写，则默认值为 1，即删除 1 列。

我们新建一个 Sheet，并对其赋值，然后进行删除行/列的操作，代码如下。

```
from openpyxl import Workbook

wb = Workbook()
ws = wb.active

data = [[61,16,39,78],
        [69,67,15,13],
        [48,78,99,90],
        [69,43,46,87]
      ]
for r in data:
    ws.append(r)

#删除第 3 行
ws.delete_rows(3)

#从第 2 列开始删除两列
ws.delete_cols(2,2)

wb.save(r'C:\Users\zhangjunhong\Desktop\delete_rowcol.xlsx')
```

运行上面代码会得到如图 7-6 所示结果。

	A	B	C	D
1	61	78		
2	69	13		
3	69	87		
4				

图 7-6

7.3 行高/列宽的设置

行高/列宽的设置就是对一整行单元格的高度和一整列单元格的宽度进行设置。

Excel 实现

在 Excel 中设置某一行或多行单元格的行高，先选中待设置的单元格，然后单击鼠标右键，在弹出的快捷菜单中选择“行高”命令，在弹出的对话框中输入具体的值，如图 7-7 所示。

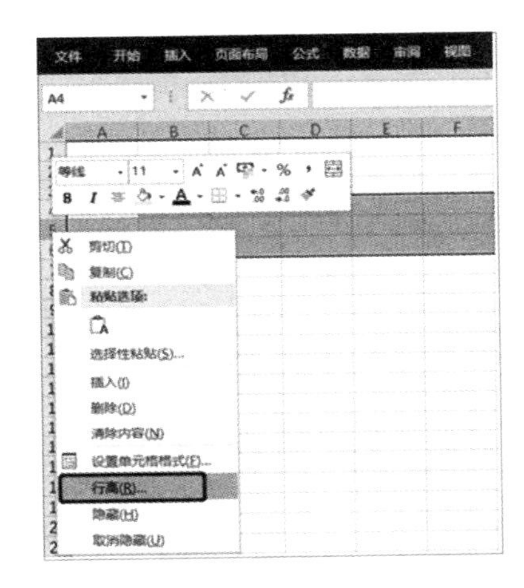

图 7-7

对列宽进行设置也是同样的操作流程，先选中要设置列宽的单元格，然后单击鼠标右键，在弹出的快捷菜单中选择“列宽”命令，在弹出的对话框中输入具体的值就可以完成设置。

Python 实现

在 Python 中设置行高和列宽的方法也比较简单。我们将第 A 列的列宽设置为 20，第 1 行的行高设置为 40，代码如下。

```
from openpyxl.workbook import Workbook

wb = Workbook()
ws = wb.active

#调整列宽
ws.column_dimensions['A'].width = 20

#调整行高
```

```
ws.row_dimensions[1].height = 40

wb.save(r'C:\Users\zhangjunhong\Desktop\row_col.xlsx')
```

运行上面代码会得到如图 7-8 所示结果。

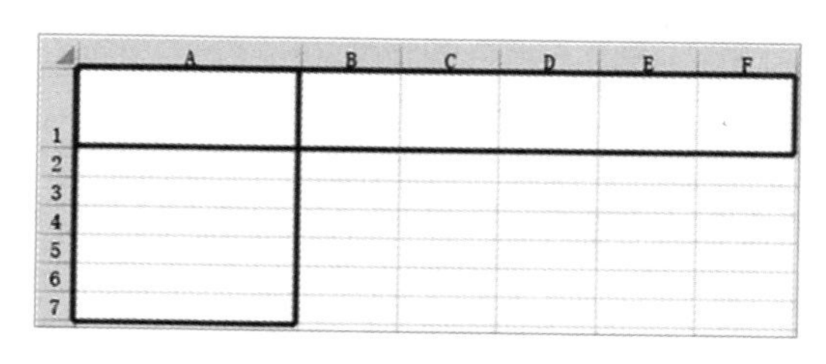

图 7-8

如果要调整其他列的列宽，则只需要把上面代码中的 A 改成其他列；如果要调整列宽，则直接更改代码中的 20；如果要调整其他行，则只需要把上面的 1 改成其他行号；如果要调整行高，则直接更改代码中的 40。

7.4 隐藏行或列

有时一张表中的数据太多，我们会把暂且不需要的行或列数据进行隐藏。

Excel 实现

在 Excel 中隐藏行，只需要选中待隐藏的行，然后单击鼠标右键，在弹出的快捷菜单选择“隐藏”命令，如图 7-9 所示。

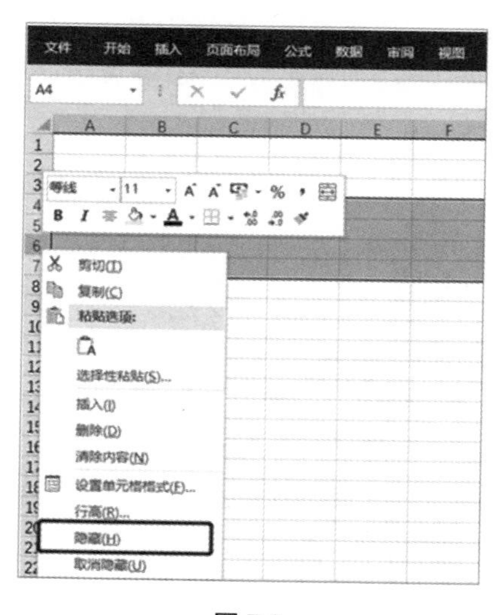

图 7-9

隐藏列与隐藏行的操作是一样的，同样先选中待隐藏的列，然后单击鼠标右键，在弹出的快捷菜单中选择“隐藏”命令。

Python 实现

在 Python 中隐藏行或列的方式是以创建组合的形式进行的。我们隐藏第 7～10 行和第 D～F 列，代码如下。

```
from openpyxl import load_workbook

wb = Workbook()
ws = wb.active

ws.row_dimensions.group(7, 10, hidden=True) # 隐藏第 7 ~ 10 行

ws.column_dimensions.group('D', 'F', hidden=True) # 隐藏第 D ~ F 列

wb.save(r'C:\Users\zhangjunhong\Desktop\hidden.xlsx')
```

运行上面代码会得到如图 7-10 所示结果。

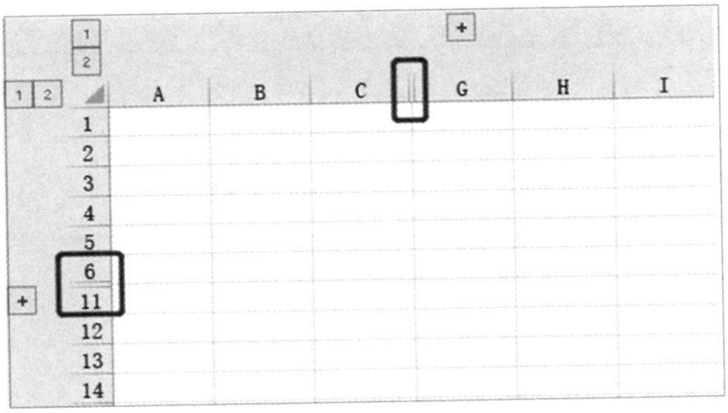

	A	B	C	G	H	I
1						
2						
3						
4						
5						
6						
11						
12						
13						
14						

图 7-10

如果要隐藏其他行，则只需要更改上面代码中的 7、10；如果要隐藏其他列，则只需要修改上面代码中的 D、F。

7.5 案例：批量设置多行/列的行高/列宽

在对单元格执行插入/删除行/列的操作时，一般都是一次性操作，对单元格进行隐藏操作也是一次性的，不涉及同时对多行或者多列的操作。

对单元格的行高和列宽进行设置时，一般都会将整个表的单元格全部进行设置。而 Python 默认的设置方法都是对某一行或者某一列进行的，我们要对整个表进行设置时，需要遍历不同的行/列来完成。

我们同时对 A、B、C 列进行列宽设置，对 1、2、3 行进行行高设置，具体实现代码如下。

```
from openpyxl.workbook import Workbook

wb = Workbook()
ws = wb.active

#批量调整列宽
for col in ['A','B','C']:
    ws.column_dimensions[col].width = 20.0

#批量调整行高
for row in [1,2,3]:
    ws.row_dimensions[row].height = 40

wb.save(r'C:\Users\zhangjunhong\Desktop\all_row_col.xlsx')
```

运行上面代码会得到如图 7-11 所示结果，可以看到 A、B、C 列和 1、2、3 行都被设置成功。

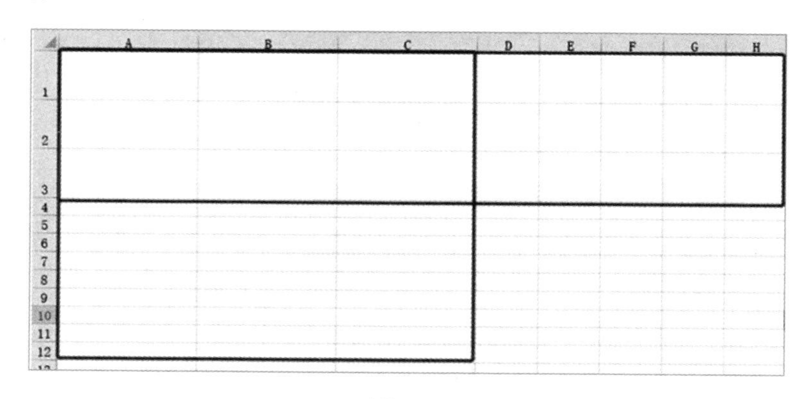

图 7-11

08 第 8 章 用 Python 对 Excel 进行编辑

其实我们对 Excel 的所有操作都是在对 Excel 进行编辑，而本章的“编辑”更多是针对 Excel 中“开始”选项卡的“编辑”组。在“编辑”组中有两个主要功能：排序和筛选、查找与替换（“编辑”组中的“查找和选择”下拉菜单），如图 8-1 所示。

图 8-1

8.1 数据排序

Excel 实现

在 Excel 中，要对某列进行排序时，选中该列表头，然后选择“开始”选项卡中的“排序和筛选”，在弹出的下拉菜单中点击“升序”或“降序”命令。如图 8-2 所示，我们对 col3 列进行排序。

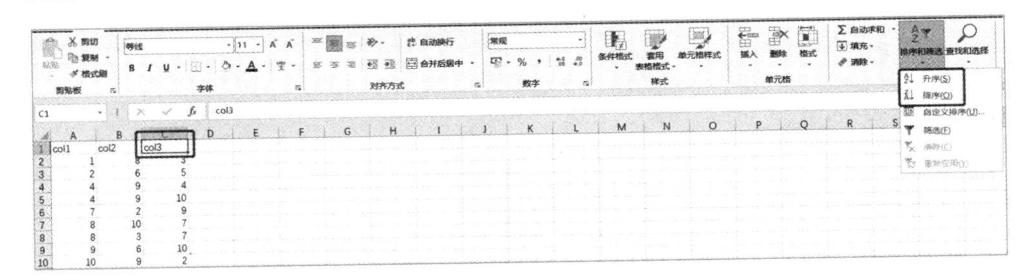

图 8-2

如果想要同时对多列进行排序，就需要选择“自定义排序”命令，弹出如图 8-3 所示的“排序”对话框，可以通过点击“添加条件”按钮来增加要排序的列。默认按照主关键字进行排序，如果主关键字重复了则会按照次关键字进行排序。可以分别对不同的关键字设置不同的排序方式。

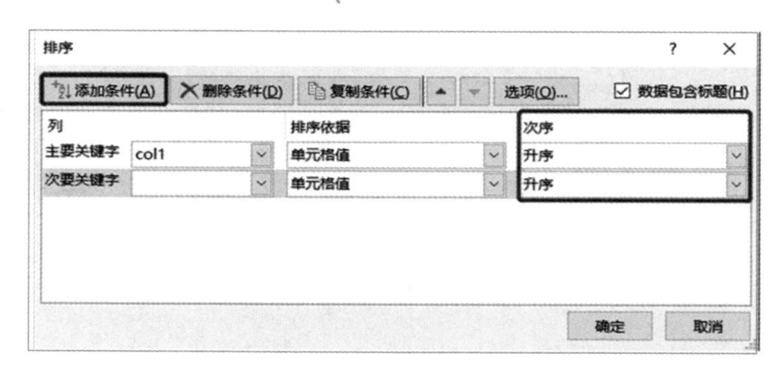

图 8-3

Python 实现

openpyxl 库中的排序操作只会给数据添加一个排序符号，并不会真的对数据进行排序。如果我们想要对数据进行真实的排序操作，则需要借助 Pandas 库中的 sort_values()函数，该函数形式如下。

```
df.sort_values(by = 'col1',ascending = False)
```

上式表示将表 df 按照 col1 列进行排序，ascending = False 表示按降序排列，如果想要按照升序排列，则需要把 False 改成 True。

如果想要像 Excel 中那样，同时对多列进行排序，则使用的函数不变，函数形式需要修改为如下所示。

```
df.sort_values(by = ['col1','col2'],ascending = [False,True])
```

上式表示同时按照 col1 和 col2 列进行排序，先按照 col1 列进行排序，如果遇到重复值，则再按照 col2 列进行排序。且按照 col1 列进行降序排列（ascending = False），按照 col2 列进行升序排列（ascending = True）。

8.2 数据筛选

筛选是指从全部数据中筛选出符合特定条件的数据。

Excel 实现

在 Excel 中筛选数据，先把表头选中，然后点击“数据”选项卡中的“筛选”命令，表头会被增加下拉箭头。想要对哪一列进行筛选，就点击哪一列的下拉箭头。Excel 中的筛选分为两种，数字筛选和文本筛选。当检测出一列的数值是数字类型时就会展示数字筛选，当检测出一列的数值是文本类型时就会展示文本筛选。

现在我们有如图 8-4 所示的 Excel 表格。

	A	B
1	col1	col2
2	1	a
3	2	b
4	3	c
5	4	d

图 8-4

当我们对 col1 列进行筛选时，默认为数字筛选。数字筛选的方式主要是通过数字相关运算进行筛选的，比如大于或小于某个值，具体如图 8-5 所示。

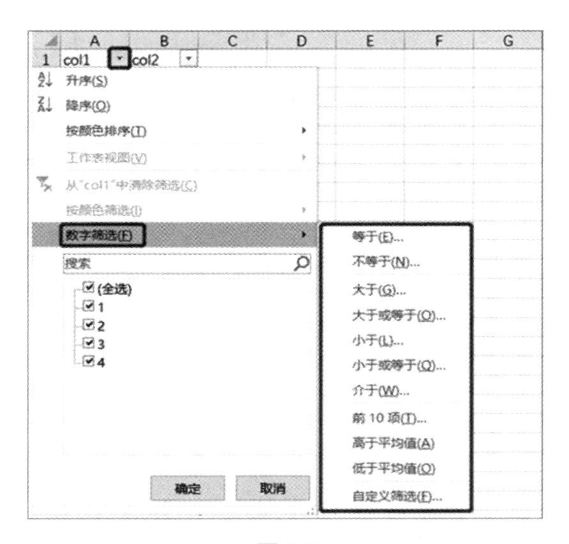

图 8-5

当我们对 col2 列进行筛选时，默认是文本筛选。文本筛选的方式主要是通过文本相关运算进行筛选的，比如包含或不包含某个字符，具体如图 8-6 所示。

Python 实现

openpyxl 库中的筛选操作也只会给数据添加一个筛选符号，并不会真的对数据进行筛选。如果我们想要对数据进行真实的筛选操作，则需要借助 Pandas 库来实现，只需要在表名后面加上具体的条件即可。

比如，我们要筛选 df 表中 col1 列大于 2 的值，可以通过如下代码实现。

```
df[df['col1'] > 2]
```

比如，我们要筛选 df 表中 col2 列等于字符 b 的值，可以通过如下代码实现。

```
df[df['col2'] == 'b']
```

图 8-6

8.3 数据查找与替换

对数据的查找与替换的操作在第 9 章进行讲解。

第 3 部分
函数

第9章 用Python实现Excel中的函数计算

在 Excel 中有很大一部分功能是通过函数来实现的，Excel 用得好不好主要还看函数用得好不好。当然，做报表也不例外，会涉及很多函数的应用，本章我们就来看一看如何用 Python 来实现 Excel 中的函数计算。因为 Excel 中的函数有很多，基本覆盖了各行各业的各种需求，本章主要介绍一些比较常见的，且比较通用的。

9.1 函数中的常见错误

在使用 Excel 函数时，难免会遇到各种各样的错误，本节我们主要讲解 Excel 函数使用过程中常见的错误。知道了有哪些常见错误以后，在接下来的函数学习过程中就可以尽量避免犯错，而且即使不小心写错了，也知道是哪里有问题，知道怎么改。

9.1.1 #DIV/0!错误

#DIV/0! 错误，“#”是 Excel 中特有的错误专用符号，在每一个错误前面都会自动加一个“#”；DIV 是 DIVIDE 的缩写，表示除法；DIV/0 表示除以 0。我们知道，0 是不可以作为除数的，所以一旦执行了某个数除以 0 的运算，就会得到#DIV/0!的错误提示。

Excel 实现

如图 9-1 所示，在单元格 B2 中输入 1/0 时，就会得到#DIV/0!的错误。所以，如果你在 Excel 中遇到#DIV/0!的错误提示，就需要检查一下，是不是除以 0 了。

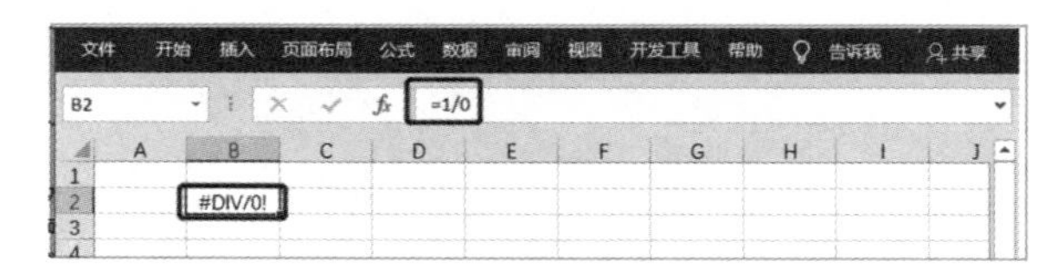

图 9-1

关于在 Excel 中如何处理这种错误，我们在 9.2 节进行讲解。

Python 实现

如果你直接在 Python 中也进行 1/0 这样的运算，那么会得到如图 9-2 所示的错误提示，告诉你除数为 0 了。

```
---------------------------------------------------------------------------
ZeroDivisionError                         Traceback (most recent call last)
<ipython-input-81-bc757c3fda29> in <module>
----> 1 1 / 0

ZeroDivisionError: division by zero
```

图 9-2

如果是在 Pandas 的 DataFrame 中运行了除以 0 的运算，那么运算结果会显示为 inf。inf 表示正无穷数，有时还会遇到-inf，表示负无穷。我们来看一个例子。

```
import pandas as pd
df = pd.DataFrame({'col':[-1,2,3]})
df['new_col'] = df['col'] / 0
df
```

上面代码表示，先新建一个 DataFrame，这个 DataFrame 中有一列 col，然后新增一列 new_col，其中 new_col 是用 col 列的值除以 0 得到的。通过运行上述代码，就会得到如表 9-1 所示结果。

表 9-1

	col	new_col
0	-1	-inf
1	2	inf
2	3	inf

new_col 列的结果为[-inf,inf,inf]，-inf 表示一个负数除以 0 得到的结果，inf 表示一个正数除以 0 得到的结果。

因为 inf 是没法进行下一步运算的，需要先对其进行处理。常见的处理办法是对其进行替换，替换成 0 或者其他你想要替换的值，具体代码如下。

```
import numpy as np
df['new_col'].replace([np.inf,-np.inf],0)
```

通过运行上述代码就可以把 inf 和-inf 的值替换成 0，当然也可以替换成任意你想替换成的值，如表 9-2 所示。

表 9-2

0	0.0
1	0.0
2	0.0

这时原来的 df 表中 new_col 列的值是没有改变的，我们需要把改变后的值赋值回去，具体代码如下。

```
df['new_col'] = df['new_col'].replace([np.inf,-np.inf],0)
df
```

通过运行上面的代码就可以看到原 df 表中的值也被改变了。

对 inf 值，除了可以进行替换，还可以进行删除，也就是把包含 inf 值的行全部过滤掉，该怎么实现呢？其实也很简单，就是把非 inf 值的行筛选出来，具体代码如下。

```
df = pd.DataFrame({'col':[-1,2,3]})
df['new_col'] = df['col'] / 0
df[df['new_col'] != np.inf]
```

运行上面的代码，可以得到过滤掉包含 inf 值的行，具体结果如表 9-3 所示。

表 9-3

	col	new_col
0	-1	-inf

这里需要新建一个 df 表，因为原 df 表中 new_col 列的 inf 值已经被替换为 0 了。生成一个含有 inf 值的列以后，我们把不等于 inf 的值筛选出来，可以看到只出现了一行。这一行之所以没有被过滤掉，是因为我们过滤的是 inf 值，而这一行是-inf 值。如果你需要过滤-inf 值，那么直接让其等于-np.inf 即可。

9.1.2 #N/A 错误

Excel 实现

N/A 是 Not Applicable 的缩写，表示不适用。一般会在两种情况下出现：函数中缺少必要参数值或单元格中没有找到值。主要会出现在第二种情况，即单元格中没有找到相应的值，此时可以理解成是一个用 N/A 表示的空值。

如图 9-3 所示，我们用 Excel 最常用的 VLOOKUP()函数来看一下 N/A 值是怎么出现的。

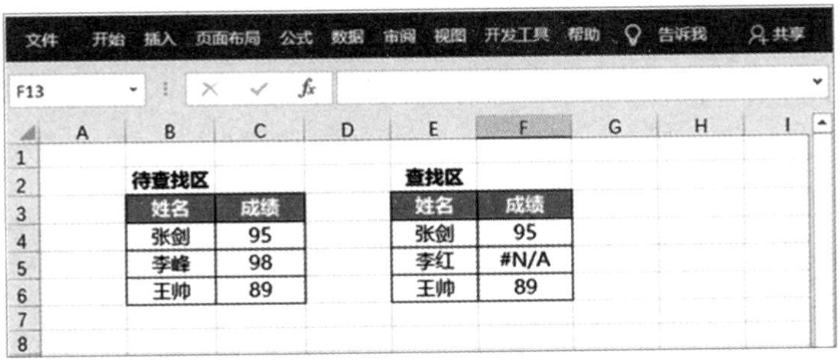

图 9-3

我们要在待查找区查找出姓名对应的成绩，其中张剑和王帅均在待查找区，而李红不在待查找区，所以就会报 N/A 错误。如果遇到了 N/A 错误，就需要检查一下是不是值不存在。

关于在 Excel 中如何处理这种错误，我们在 9.2 节进行讲解。

Python 实现

Excel 中的 N/A 错误对应到 Python 中是 NaN 错误。Python 中的 NaN 是 Not a Number 的缩写，表示不是一个数值，一般主要出现在单元格找不到值或者为空时。

我们同样用 Python 来实现上面 VLOOKUP()函数的例子，需要先生成两个表：待查找区表 df1、查找区表 df2，具体代码如下。

```
df1 = pd.DataFrame({'姓名':['张剑','李峰','王帅'],'成绩':[95,98,89]})
df1
```

运行上面代码，结果如表 9-4 所示。

表 9-4

	姓名	成绩
0	张剑	95
1	李峰	98
2	王帅	89

```
df2 = pd.DataFrame({'姓名':['张剑','李红','王帅']})
df2
```

运行上面代码，结果如表 9-5 所示。

表 9-5

	姓名
0	张剑

续表

	姓名
1	李红
2	王帅

接下来，用查找区的姓名去待查找区查找姓名对应的成绩，具体代码如下。

```
df = pd.merge(df2,df1,on = '姓名',how = 'left')
df
```

运行上面代码，结果如表 9-6 所示。

表 9-6

	姓名	成绩
0	张剑	95.0
1	李红	NaN
2	王帅	89.0

可以看到，结果几乎与 Excel 中得到的结果是一样的，只不过 Excel 中的#N/A 提示变成了 NaN 提示。

关于 merge()函数的详细介绍，我们会在 9.5 节介绍。

在 Python 中，对 NaN 的处理方法一般有填充和删除两种。填充直接使用 fillna()函数，把 NaN 填充成任意你想要的值。

比如，我们将 NaN 填充为 0，具体代码如下。

```
df.fillna(0)
```

运行上面代码，结果如表 9-7 所示。

表 9-7

	姓名	成绩
0	张剑	95.0
1	李红	0.0
2	王帅	89.0

需要注意的是，此时 df 表的源数据并没有被改变，fillna()函数只是生成了一个新的对象，如果要改变 df 表中的源数据，则需要将执行 fillna()函数以后的数据重新赋值给 df，具体代码如下。

```
df = df.fillna(0)
```

除了对 NaN 值进行填充，还可以对其进行删除。这时可以用到 dropna()函数，我们先新建一个两列中都含有缺失值的表，具体代码如下。

```
df_new = pd.DataFrame({'姓名':['张剑','李红','王帅']
                    ,'科目 1 成绩':[95,np.NaN,89]
                    ,'科目 2 成绩':[90,85,np.NAN]})
df_new
```

运行上面代码，结果如表 9-8 所示。

表 9-8

	姓名	科目 1 成绩	科目 2 成绩
0	张剑	95.0	90.0
1	李红	NaN	85.0
2	王帅	89.0	NaN

对 df_new 表执行 dropna()函数，具体代码如下。

```
df_new.dropna()
```

运行上面代码，结果如表 9-9 所示。

表 9-9

	姓名	科目 1 成绩	科目 2 成绩
0	张剑	95.0	90.0

可以看到只剩下了第 1 行的值，这是因为 dropna()函数默认删除所有含有 NaN 的行，第 2 行和第 3 行都含有 NaN，所以删除了。那如果我们只想要删除第 2 列中含有 NaN 的行，即“科目 1 成绩”列，这时可以通过筛选过滤的方式进行，具体代码如下。

```
df_new[df_new['科目 1 成绩'] == df_new['科目 1 成绩']]
```

运行上面代码，结果如表 9-10 所示。

表 9-10

	姓名	科目 1 成绩	科目 2 成绩
0	张剑	95.0	90.0
2	王帅	89.0	NaN

可以看到，只有第 2 行被过滤掉了，剩下了第 1 行和第 3 行，是我们想要的结果。

这里需要注意一下，Python 中暂不支持直接和 NaN 比较，理想的代码如下所示（下面的代码暂时得不到我们想要的结果）。

```
df_new[df_new['科目 1 成绩'] != np.NaN]
```

9.1.3 #VALUE!错误

#VALUE!错误是类型错误，一般当参与运算的值的类型不符合规范时，就会报这个错误。

Excel 实现

如图 9-4 所示，在 Excel 中，当你用一个数字和一个字符进行求和运算时，就会报#VALUE!错误，这是因为运算符不可用在数字和字符之间。

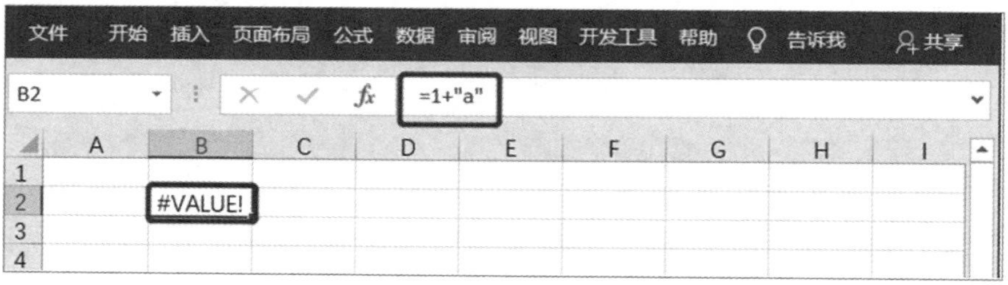

图 9-4

当你在 Excel 中遇到#VALUE!错误时，就需要检查一下参与运算的值的类型是否满足条件。

Python 实现

在 Python 中关于类型错误有两种，我们进行和上述 Excel 中一样的运算，具体代码如下。

```
1 + 'a'
```

运行上面的代码会得到 TypeError 的错误提示，这个错误翻译过来其实就是类型错误，和 Excel 中#VALUE!错误代表的意思是一致的。

与 TypeError 很相近的另一个错误是 ValueError，看一下如下代码。

```
int('123')
```

运行上面的代码，会将字符串'123'转换成整数 123，也就是说，int()函数对字符串类型的值是生效的，但是如果运行下面的代码：

```
int('abc')
```

就会得到 ValueError 的错误，这就是 TypeError 和 ValueError 的差别，前者是运算的类型有问题，而后者是运算的类型没问题，是类型对应的值有问题。

如果遇到上面的两种错误类型，就去检查一下是哪个类型用错了，修改即可。

9.1.4 #NAME?错误

#NAME?错误表示名字错误，有点类似叫错名字了，当你输入的名字计算机找不到时就会报这个错误。

Excel 实现

如图 9-5 所示，当在单元格 B2 中输入=a+b 时，就会报#NAME?错误，这是因为 Excel 中事先不知道 a 和 b 分别是什么。

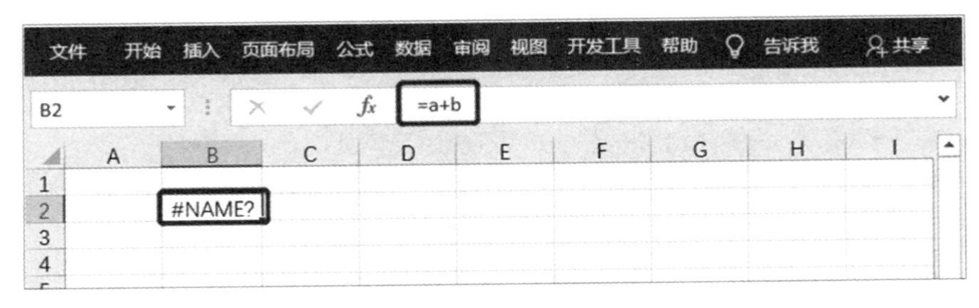

图 9-5

Python 实现

在 Python 中进行和上述 Excel 中一样的运算，具体代码如下。

```
a + b
```

运行上面的代码会得到 NameError 的错误，表示 Python 并不知道 a 和 b 代表什么。

如果我们提前给 a 和 b 赋值，然后进行运算，比如给 a 赋值 1，给 b 赋值 2，具体代码如下。

```
a = 1
b = 2
a + b
```

运行上面的代码会得到结果为 3。

如果遇到 NameError 的错误，就去检查哪个变量名在事先没有被定义，没有被赋值。

9.1.5 #REF!错误

#REF!错误是指无效的引用，通俗一点说，就是你要引用的内容找不到。

Excel 实现

如图 9-6 所示，我们在 D2 单元格中输入公式：“= B2 * C2”。

文件 开始 插入 页面布局 公式 数据 审阅 视图 开发工具 帮助 告诉我 共享

D2 =B2*C2

	A	B	C	D	E	F	G	H	I
1									
2		2	3	6					
3									
4									

图 9-6

按下 Enter 键，D2 单元格中显示结果为 6，但是当我们把 B 列或者 C 列删除以后，D2 单元格（删除一列之后变成 C2 单元格）就会变成#REF!，这是因为公式中所用到的单元格被删除了，所以就会报错，如图 9-7 所示。

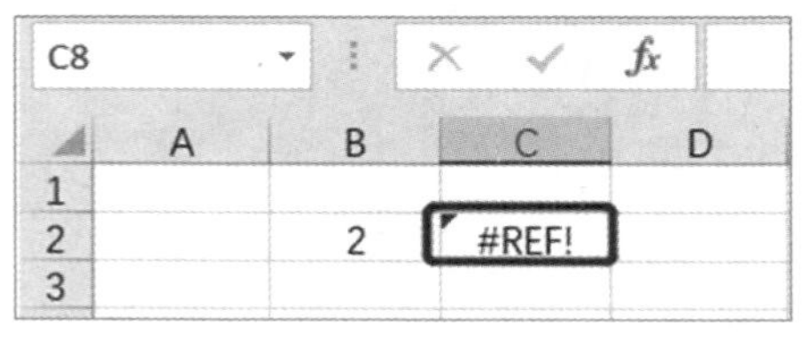

图 9-7

Python 实现

与 Excel 类似的是，在 Python 中经常会通过指明元素的位置来获取列表中对应的值，但如果我们指明的位置超出了列表的范围，就会报相应的错误，如下所示。

```
L = ['a','b','c','d','e']
L[7]
```

运行上面的代码就会得到 IndexError，这是因为列表 L 中一共有 5 个元素，但是我们要获取第 8 位的值，所以肯定会报错。

遇到上面这种报错时，需要检查位置的值是否超出了列表的总长度。

9.2 逻辑函数

9.2.1 IF()函数：判断条件是否满足

IF()函数用于判断某一个条件是否满足，如果满足则返回一个值，如果不满足则返回另外一个值。比如，用 IF()函数来判断考试成绩是否及格，如果满足大于或等于 60 分的条件，那么返回及格，否则返回不及格。

Excel 实现

在 Excel 中，IF()函数的形式如下。

```
= IF(logical_test,value_if_true,value_if_false)
```

- logical_test 表示要判断的条件。
- value_if_true 表示当条件满足时应该显示的值。
- value_if_false 表示当条件不满足时应该显示的值。

比如，我们判断学生成绩是否及格，在 D3 单元格中输入“=IF(C3>=60,"及格","不及格")”，按下 Enter 键，然后鼠标双击 D3 单元格右下角的十字进行公式的下拉填充，这样所有学生的成绩是否及格就全部被判断出来了，如图 9-8 所示。

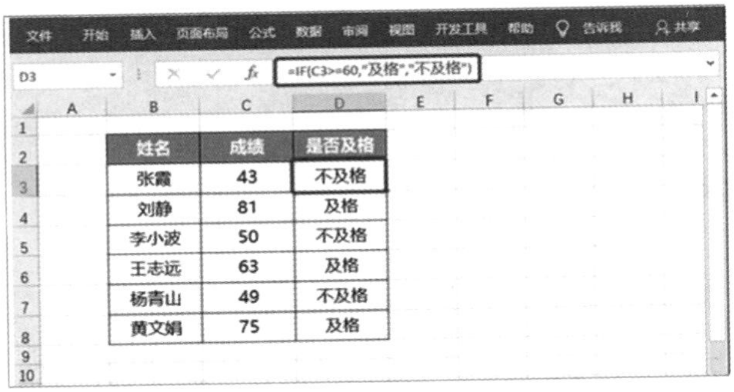

图 9-8

Python 实现

首先，在 Python 中新建一个 DataFrame，具体代码如下。

```
df = pd.DataFrame({'姓名':['张霞','刘静','李小波','王志远','杨青山','黄文娟']
                  ,'成绩':[43,81,50,63,49,75]})
df
```

运行上面代码会得到如表 9-11 所示结果。

表 9-11

	姓名	成绩
0	张霞	43
1	刘静	81
2	李小波	50
3	王志远	63
4	杨青山	49
5	黄文娟	75

接下来，创建一个名为 score_if 的函数来判断条件是否满足，具体代码如下。

```
def score_if(score):
    if score >= 60:
        result = '及格'
    else:
        result = '不及格'
    return result
```

score_if()函数表示先对 score 进行判断，看其是否满足大于或等于 60 的条件，如果满足则让 result = '及格'；如果不满足，则执行 else 语句，即让 result = '不及格'，最后返回 result 的结果。

下面对 df 表中的“成绩”列执行 score_if()函数，并把执行结果赋值给“是否及格”列，具体代码如下。

```
df['是否及格'] = df['成绩'].apply(lambda x:score_if(x))
df
```

运行上面的代码会得到如表 9-12 所示结果。

表 9-12

	姓名	成绩	是否及格
0	张霞	43	不及格
1	刘静	81	及格
2	李小波	50	不及格
3	王志远	63	及格
4	杨青山	49	不及格
5	黄文娟	75	及格

除了使用自定义的 score_if()函数，还可以直接在 lambda 函数中使用 if()函数，具体代码如下。

```
df['是否及格_copy'] = df['成绩'].apply(lambda x:'及格' if x >= 60 else '不及格')
df
```

运行上面代码会得到如表 9-13 所示结果。

表 9-13

	姓名	成绩	是否及格	是否及格_copy
0	张霞	43	不及格	不及格
1	刘静	81	及格	及格
2	李小波	50	不及格	不及格

续表

	姓名	成绩	是否及格	是否及格_copy
3	王志远	63	及格	及格
4	杨青山	49	不及格	不及格
5	黄文娟	75	及格	及格

为了便于对比，我们生成了新的一列“是否及格_copy”，可以看到“是否及格”和“是否及格_copy”两列的结果是一样的，且与 Excel 中得到的结果也是完全一样的。

9.2.2　AND()函数：判断多个条件是否同时满足

有时我们需要对多个条件同时进行判断，就要用到 AND()函数。比如，现在你要统计部门哪些人符合晋升申请的条件，需要同时满足入职超过半年（0.5）、过去一年的绩效不低于 60 分。

Excel 实现

在 Excel 中，AND()函数的形式如下。

```
= AND(logical1,logical2,logical3,...)
```

- logical1、logical2、logical3 表示分别要判断的条件，这里可以不止有 3 个判断条件，还可以有更多个。

下面对每个人逐一判断是否可以申请，在 E3 单元格中输入“=AND(C3>0.5,D3>60)”，按下 Enter 键，然后鼠标双击 E3 单元格右下角的十字进行公式的下拉填充，这样所有人是否可以申请就全部被判断出来了，如图 9-9 所示。

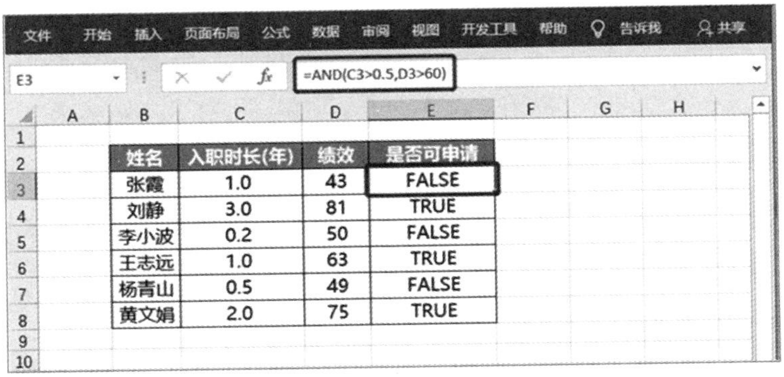
文件 开始 插入 页面布局 公式 数据 审阅 视图 开发工具 帮助 告诉我 共享
E3
=AND(C3>0.5,D3>60)
姓名 入职时长(年) 绩效 是否可申请
张霞 1.0 43 FALSE
刘静 3.0 81 TRUE
李小波 0.2 50 FALSE
王志远 1.0 63 TRUE
杨青山 0.5 49 FALSE
黄文娟 2.0 75 TRUE

图 9-9

Python 实现

首先，在 Python 中新建一个 DataFrame，具体代码如下。

```
df = pd.DataFrame({'姓名':['张霞','刘静','李小波','王志远','杨青山','黄文娟']
                  ,'入职时长(年)':[1.0,3.0,0.2,1.0,0.5,2.0]
                  ,'绩效':[43,81,50,63,49,75]})
df
```

运行上面代码会得到如表 9-14 所示结果。

表 9-14

	姓名	入职时长(年)	绩效
0	张霞	1.0	43
1	刘静	3.0	81
2	李小波	0.2	50
3	王志远	1.0	63
4	杨青山	0.5	49
5	黄文娟	2.0	75

然后，将判断得到的结果赋值一个新的列“是否可申请”，具体代码如下。

```
df['是否可申请'] = (df['入职时长(年)'] > 0.5) & (df['绩效'] > 60)
df
```

运行上面代码会得到如表 9-15 所示结果。

表 9-15

	姓名	入职时长(年)	绩效	是否可申请
0	张霞	1.0	43	FALSE
1	刘静	3.0	81	TRUE
2	李小波	0.2	50	FALSE
3	王志远	1.0	63	TRUE
4	杨青山	0.5	49	FALSE
5	黄文娟	2.0	75	TRUE

可以看到，和 Excel 中得到的结果是完全一样的。在 Python 中要对多列进行判断时，直接让该列与具体的值进行比较，然后多个条件之间用&连接起来即可。

9.2.3 OR()函数：判断多个条件中是否有其中一个满足

AND()函数用于判断是否同时满足多个条件，OR()函数用于判断多个条件中是否有一个满足。还是用前面是否满足晋升条件的例子，这次我们把晋升条件放宽一点，只要满足入职时长大于 0.5，或者绩效大于 60 分就可以申请。

Excel 实现

在 Excel 中，OR()函数的形式如下。

```
= OR(logical1,logical2,logical3,...)
```

OR()函数与 AND()函数的形式基本一样。

下面对每个人逐一判断是否可以申请，在 E3 单元格中输入“=OR(C3>0.5,D3>60)”，按下 Enter 键，然后鼠标双击 E3 单元格右下角的十字进行公式的下拉填充，这样所有人是否可以申请就全部被判断出来了，如图 9-10 所示。

文件　开始　插入　页面布局　公式　数据　审阅　视图　开发工具

E3　=OR(C3>0.5,D3>60)

姓名	入职时长(年)	绩效	是否可申请
张霞	1.0	43	TRUE
刘静	3.0	81	TRUE
李小波	0.2	50	FALSE
王志远	1.0	63	TRUE
杨青山	0.5	49	FALSE
黄文娟	2.0	75	TRUE

图 9-10

Python 实现

在 Python 中实现 OR()函数与 AND()函数的方法是类似的，只需要把实现 AND()函数的“&”符号换成“|”符号即可，具体代码如下。

```
df['是否可申请'] = (df['入职时长(年)'] > 0.5) | (df['绩效'] > 60)
df
```

运行上面代码会得到如表 9-16 所示结果。

表 9-16

	姓　　名	入职时长(年)	绩　　效	是否可申请
0	张霞	1.0	43	TRUE
1	刘静	3.0	81	TRUE
2	李小波	0.2	50	FALSE
3	王志远	1.0	63	TRUE
4	杨青山	0.5	49	FALSE
5	黄文娟	2.0	75	TRUE

9.2.4　IFERROR()函数：对错误值进行处理

9.1 节中，我们介绍了 Excel 函数中可能会经常遇到的几种错误，并分别讲解了在 Python 中遇到不同错误时应该如何解决。接下来介绍一下，在 Excel 中遇到类似的错误应该怎么解决。

在 Excel 中可以统一利用 IFERROR()函数来解决错误。IFERROR()函数的形式如下。

```
= IFERROR(value,value_if_error)
```

- value 表示本来想要展示的值，一般为公式。
- value_if_error 表示当 value 出现 9.1 节中介绍的那几种错误时要展示的值。

比如，我们在如图 9-11 所示的 D2 单元格中输入"=IFERROR(B2/C2,"公式有误")"，按下 Enter 键，得到公式有误的结果。这是因为运行 B2/C2 会得到#DIV/0!错误，此时不展示 value 值，而是展示 value_if_error 值，即公式有误。

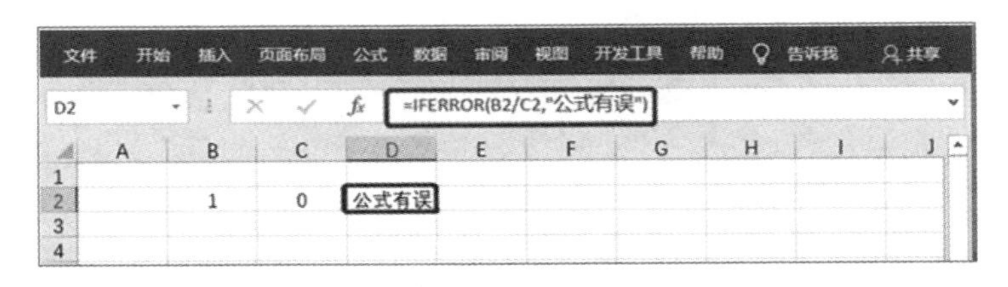

图 9-11

这里以#DIV/0!错误为例，其他错误也是同样的处理方法，在 value 处输入原本的计算公式，在 value_if_error 处输入如果公式出现错误时要显示的值。

9.3　文本函数

文本相关的函数操作也是我们日常工作中使用比较多的一类函数，主要包括文本截取、文本合并、文本查找与替换、文本分列几个部分。

9.3.1　文本截取

文本截取是指从一个完整的文本中根据特定规则截取指定的文本。

1．MID()函数：从指定位置获取指定个数的字符

我们每个人都会有身份证号，而身份证号中包含的信息量很大。比如，我们要从身份证号中获取到每个人的生日，即出生月日，这时该怎么获取呢？

图 9-12 所示为身份证号中包含的各种信息。

图 9-12

- 第 1、2 位表示省份信息，包括自治区、直辖市、特别行政区。
- 第 3、4 位表示市级别信息，包括地级市、自治州、盟等。
- 第 5、6 位表示县级别信息。
- 第 7～10 位表示出生年份。
- 第 11～14 位表示出生月日。
- 第 15～17 位表示同一区域内，同年月日出生的顺序，其中第 17 位奇数为男性、偶数为女性。
- 第 18 位为校验码。

了解了上面身份证号中各种信息的组成以后，我们就可以很轻松地从身份证号中获取到每个人的出生月日，即截取身份证号中的第 11～14 位。

Excel 实现

在 Excel 中实现上述的需求可以使用 MID()函数，MID()函数的形式如下。

```
= MID(text,start_num,num_chars)
```

- text 表示要截取的整个文本。
- start_num 表示要开始截取的位置。
- num_chars 表示要截取的字符长度。

我们要从整个身份证信息中的第 11 位开始截取，截取 4 个字符长度，即 start_num 是 11，num_chars 是 4。如图 9-13 所示，在 D3 单元格中输入“=MID(C3,11,4)”，按下 Enter 键，然后鼠标双击 D3 单元格右下角的十字进行公式的下拉填充，这样所有人的出生月日就被截取出来了。

姓名	身份证号	生日
尚俊哲	140105200103071691	0307
李学文	150102199005175369	0517
曾和同	110101199007086819	0708
易宏峻	420102198511078091	1107
董曼	340102197806136176	0613
孟韵	630102196809017682	0901

图 9-13

Python 实现

首先，在 Python 中新建一个 DataFrame，具体代码如下。

```
df= pd.DataFrame({'姓名':['尚俊哲','幸学文','曾和同','易宏峻','董曼', '孟韵']
                ,'身份证号':['140105200103071691','150102199005175369','110101
199007086819'
                         ,'420102198511078091','340102197806136176','630102196
809017682']})
df
```

运行上面代码会得到如表 9-17 所示结果。

表 9-17

	姓名	身份证号
0	尚俊哲	140105200103071691
1	幸学文	150102199005175369
2	曾和同	110101199007086819
3	易宏峻	420102198511078091
4	董曼	340102197806136176
5	孟韵	630102196809017682

然后，从其中的身份证号中提取需要的出生月日。具体代码如下。

```
df['生日'] = df['身份证号'].apply(lambda x:x[10:14])
df
```

运行上面代码会得到如表 9-18 所示结果。

表 9-18

	姓　名	身份证号	生日
0	尚俊哲	140105200103071691	0307
1	幸学文	150102199005175369	0517
2	曾和同	110101199007086819	0708
3	易宏峻	420102198511078091	1107
4	董曼	340102197806136176	0613
5	孟韵	630102196809017682	0901

可以看到，得出来的结果和 Excel 中的完全一样。在 Python 中，要实现截取指定的字符串，可以直接指明要截取的开始位置和结束位置，并将开始位置和结束位置用“:”连接起来。这里是要截取第 11～14 位的信息，需要注意的是，截取时不会包含结束位置本身，如果要包含结束位置就需要让结束位置加 1，也就是变成了第 11～15

位。又因为 Python 中的位置编号是从 0 开始的，所以 11 变成了 10，15 变成了 14，最后的位置信息为[10:14]。

2. LEFT()函数：从文本的左侧获取指定个数的字符

除了通过指明开始位置和结束位置，有时还会需要截取某个文本的前几个字符，比如要截取身份证号中的省份编号，即身份证号码中的前两位。

Excel 实现

在 Excel 中实现上述需求，可以使用 LEFT()函数，LEFT()函数的形式如下。

```
= LEFT(text,num_chars)
```

- text 表示要截取的整个文本。
- num_chars 表示要从头截取的字符长度。

我们要截取身份证号中的前两位字符，即 num_chars 等于 2。如图 9-14 所示，在 D3 单元格中输入"=LEFT(C3,2)"，按下 Enter 键，然后鼠标双击 D3 单元格右下角的十字进行公式的下拉填充，这样所有人的省份编号就被截取出来了。

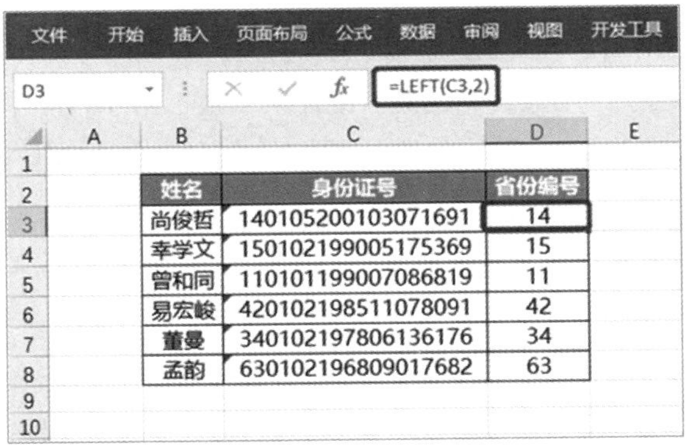

文件 开始 插入 页面布局 公式 数据 审阅 视图 开发工具
D3
=LEFT(C3,2)
姓名 身份证号 省份编号
尚俊哲 140105200103071691 14
幸学文 150102199005175369 15
曾和同 110101199007086819 11
易宏峻 420102198511078091 42
董曼 340102197806136176 34
孟韵 630102196809017682 63

图 9-14

Python 实现

我们还是用前面章节创建好的 DataFrame，在 Python 中实现从头开始截取若干个字符的具体代码如下。

```
df['省份编号'] = df['身份证号'].apply(lambda x:x[:2])
df
```

运行上面代码会得到如表 9-19 所示结果。

表 9-19

	姓　名	身份证号	省份编号
0	尚俊哲	140105200103071691	14
1	幸学文	150102199005175369	15
2	曾和同	110101199007086819	11
3	易宏峻	420102198511078091	42
4	董曼	340102197806136176	34
5	孟韵	630102196809017682	63

可以看到，得出来的结果和 Excel 中的完全一样。在 Python 中实现从头开始截取若干个字符，也是通过指明要截取的开始位置和结束位置实现的，只不过把开始位置省略不写就表示从头开始截取。

3．RIGHT()函数：从文本的右侧获取指定个数的字符

与从头开始截取若干个字符需求相对应的是从末尾开始截取若干个字符，比如要获取身份证号中的校验码，即最后一位。

Excel 实现

在 Excel 中实现上述需求使用的是 RIGHT()函数，RIGHT()函数的形式如下。

```
= RIGHT(text,num_chars)
```

- text 表示要截取的整个文本。
- num_chars 表示要从末尾截取的字符长度。

我们要截取身份证号中的最后一位字符，即 num_chars 等于 1。如图 9-15 所示，在 D3 单元格中输入“=RIGHT(C3,1)”，按下 Enter 键，然后鼠标双击 D3 单元格右下角的十字进行公式的下拉填充，这样所有人的校验码就被截取出来了。

图 9-15

Python 实现

我们还是用前面章节创建好的 DataFrame，在 Python 中实现从末尾开始截取若干个字符的具体代码如下。

```
df['校验码'] = df['身份证号'].apply(lambda x:x[-1:])
df
```

运行上面代码会得到如表 9-20 所示结果。

表 9-20

	姓　名	身份证号	校验码
0	尚俊哲	140105200103071691	1
1	幸学文	150102199005175369	9
2	曾和同	110101199007086819	9
3	易宏峻	420102198511078091	1
4	董曼	340102197806136176	6
5	孟韵	630102196809017682	2

可以看到，得出来的结果和 Excel 中的完全一样。在 Python 中实现从末尾开始截取若干个字符与从头开始截取若干个字符有点类似，把结束位置省略不写就表示截取到最后，同时需要指明从末尾第几位开始截取，–1 表示末尾第一位，–2 表示末尾第二位，依次类推。

4．LEN()函数：获取字符的长度

除了截取字符，有时还需要查看每个字符的长度。比如，要查看每个人的姓名是几个字的。

Excel 实现

在 Excel 中实现上述需求使用的是 LEN()函数，LEN()函数的形式如下。

```
= LEN(text)
```

- text 表示要测量的字符。

我们要获取每个姓名的长度，如图 9-16 所示，在 D3 单元格中输入“=LEN(C3)”，按下 Enter 键，然后鼠标双击 D3 单元格右下角的十字进行公式的下拉填充，这样所有人的姓名长度就被计算出来了。

图 9-16

Python 实现

我们还是用前面章节创建好的 DataFrame，在 Python 中实现字符长度测量的具体代码如下。

```
df['姓名长度'] = df['姓名'].apply(lambda x:len(x))
df
```

运行上面代码会得到如表 9-21 所示结果。

表 9-21

	姓　名	身份证号	姓名长度
0	尚俊哲	140105200103071691	3
1	幸学文	150102199005175369	3
2	曾和同	110101199007086819	3
3	易宏峻	420102198511078091	3
4	董曼	340102197806136176	2
5	孟韵	630102196809017682	2

可以看到，得出来的结果和 Excel 中的完全一样。在 Python 中实现字符长度测量同样使用的是 len()函数。

9.3.2 文本合并

文本合并是指将多个单独的文本合并成一个文本。

1．CONCATENATE()函数：合并多个文本

在注册成为某网站会员时，有时会要求输入个人信息，一般姓和名是分开填写的，对应到数据存储，也是存储为两列内容。那如果我们现在想要把姓和名合并成一列呢。

Excel 实现

在 Excel 中实现上述需求可以使用 CONCATENATE()函数。CONCATENATE()函数的形式如下。

```
= CONCATENATE(text1,text2,text3,...)
```

- text1、text2、text3 表示待合并的文本，不止可以合并 3 个，可以有更多个。

我们要合并“姓”和“名”这两列。如图 9-17 所示，在 D3 单元格中输入“=CONCATENATE(B3,C3)”，按下 Enter 键，然后鼠标双击 D3 单元格右下角的十字进行公式的下拉填充，这样就把所有的姓和名合并在一起了。

D3　=CONCATENATE(B3,C3)

姓	名	姓名
刘	春枫	刘春枫
王	纯雪	王纯雪
吕	心香	吕心香
杨	博涉	杨博涉
卢	星文	卢星文
聂	浩初	聂浩初

图 9-17

我们还可以在姓和名之间加入一些符号，比如“-”。实现这个效果也比较简单，直接把“-”也当作一个文本即可。如图 9-18 所示，在 D3 单元格中输入“=CONCATENATE(B3,"-",C3)”，按下 Enter 键，然后鼠标双击 D3 单元格右下角的十字进行公式的下拉填充，这样就把所有的姓和名用“-”连接在了一起。

D3　=CONCATENATE(B3,"-",C3)

姓	名	姓名
刘	春枫	刘-春枫
王	纯雪	王-纯雪
吕	心香	吕-心香
杨	博涉	杨-博涉
卢	星文	卢-星文
聂	浩初	聂-浩初

图 9-18

Python 实现

首先，新建一个 DataFrame，具体代码如下。

```
df = pd.DataFrame({'姓':['刘','王','吕','杨','卢','聂']
                 ,'名':['春枫','纯雪','心香','博涉','星文','浩初']})
df
```

运行上面代码会得到如表 9-22 所示结果。

表 9-22

	姓	名
0	刘	春枫
1	王	纯雪
2	吕	心香
3	杨	博涉
4	卢	星文
5	聂	浩初

然后，对“姓”和“名”列进行合并，具体代码如下。

```
df['姓名'] = df['姓'] + df['名']
df
```

运行上面代码会得到如表 9-23 所示结果。

表 9-23

	姓	名	姓　名
0	刘	春枫	刘春枫
1	王	纯雪	王纯雪
2	吕	心香	吕心香
3	杨	博涉	杨博涉
4	卢	星文	卢星文
5	聂	浩初	聂浩初

可以看到，得到的结果与 Excel 中的完全一致。在 Python 中，当对两个文本进行相加运算时，就表示将两个文本进行合并。

当然，在 Python 中也可以用“-”符号将“姓”和“名”连接起来，具体代码如下。

```
df['姓名'] = df['姓'] + "-" + df['名']
df
```

2. PHONETIC()函数：合并多个单元格内容

CONCATENATE()函数一般都用在列与列之间的合并，有时我们也会对一行或者一列中的内容进行合并。比如，现在有一列“城市”，我们要把“城市”列的内容合并到一个单元格中。

Excel 实现

在 Excel 中实现上述需求可以使用 PHONETIC()函数。PHONETIC()函数的形式如下。

```
= PHONETIC(reference)
```

- reference 表示待合并的区域。

我们要将“城市”列的内容合并到一个单元格中。如图 9-19 所示，在 C2 单元格中输入“=PHONETIC(B3:B6)”，按下 Enter 键即可实现。

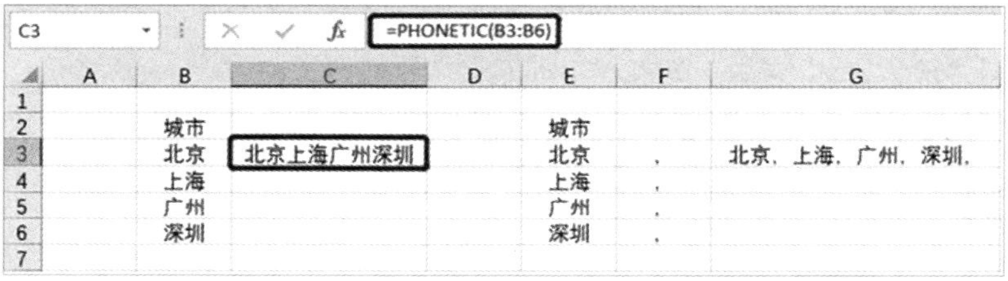

C3　=PHONETIC(B3:B6)

	A	B	C	D	E	F	G
1							
2		城市			城市		
3		北京	北京上海广州深圳		北京	,	北京，上海，广州，深圳，
4		上海			上海	,	
5		广州			广州	,	
6		深圳			深圳	,	
7							

图 9-19

还可以在 F 列插入逗号，然后在 G3 单元格中输入“=PHONETIC(=PHONETIC(E3:F6))”，按下 Enter 键，就可以看到多个城市不仅被合并到了一个单元格中，城市名之间还用逗号分隔开了，如图 9-20 所示。

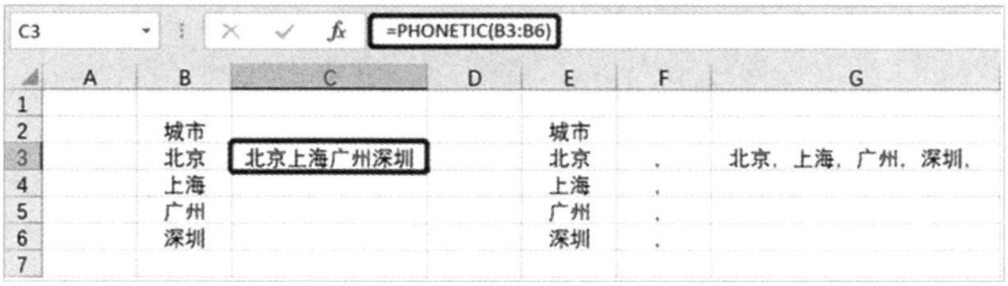

C3　=PHONETIC(B3:B6)

	A	B	C	D	E	F	G
1							
2		城市			城市		
3		北京	北京上海广州深圳		北京	,	北京，上海，广州，深圳，
4		上海			上海	,	
5		广州			广州	,	
6		深圳			深圳	,	
7							

图 9-20

需要注意的是，PHONETIC()函数只对文本生效，对数字是不生效的。

Python 实现

新建一个 DataFrame，具体代码如下。

```
df = pd.DataFrame({'城市':['北京','上海','广州','深圳']})
df
```

运行上面的代码会得到如表 9-24 所示结果。

表 9-24

	城　市
0	北京
1	上海
2	广州
3	深圳

我们可以直接将“城市”列转换成一个列表，这样就将多个城市合并到了一起，并且都用逗号分隔，具体代码如下。

```
list(df['城市'])
```

运行上面代码，得到如下结果。

```
['北京', '上海', '广州', '深圳']。
```

9.3.3 文本查找与替换

文本查找主要是在一个文本中查找是否存在某个子文本。文本替换之所以与文本查找放在一起，是因为文本替换的前提首先是能够查找到文本。

1. EXACT()函数：比较两个文本是否相等

做数据分析工作有一项比较麻烦但又比较重要的工作就是对数——核对不同口径下的数据结果是否一致，核对不同来源的表计算出来的数据结果是否一致。比如，我们要核对两个部门统计出来的每日成交量数据是否一致。

Excel 实现

方法一：

在 Excel 中实现上述需求，可以使用 EXACT()函数。EXACT()函数的形式如下。

```
= EXACT(text1,text2)
```

- text1 和 text2 表示分别要比较的文本。

我们要比较 A 部门和 B 部门这两列的值是否一样。如图 9-21 所示，在 E3 单元格中输入“=EXACT(C3,D3)”，按下 Enter 键，然后鼠标双击 E3 单元格右下角的十字进行公式的下拉填充，这样就把所有日期对应 A 部门和 B 部门的判断结果计算出来了。

E3　=EXACT(C3,D3)

日期	A部门	B部门	是否一致
2020/10/1	2785	2785	TRUE
2020/10/2	2921	2911	FALSE
2020/10/3	2659	2659	TRUE
2020/10/4	2799	2709	FALSE
2020/10/5	2297	2277	FALSE
2020/10/6	2827	2827	TRUE

图 9-21

方法二：

当然，也可以直接在 E3 单元格中输入“=C3 = D3”，按下 Enter 键，会得到同样的结果。

Python 实现

首先，新建一个 DataFrame，具体代码如下。

```
df = pd.DataFrame({'日期':['2020/10/1','2020/10/2','2020/10/3','
2020/10/4','2020/10/5','2020/10/6']
                  ,'A 部门':[2785,2921,2659,2799,2297,2827]
                  ,'B 部门':[2785,2911,2659,2709,2277,2827]})
df
```

运行上面代码会得到如表 9-25 所示结果。

表 9-25

	日　期	A 部门	B 部门
0	2020/10/1	2785	2785
1	2020/10/2	2921	2911
2	2020/10/3	2659	2659
3	2020/10/4	2799	2709
4	2020/10/5	2297	2277
5	2020/10/6	2827	2827

然后，对“A 部门”和“B 部门”两列数据进行比较，具体代码如下。

```
df['是否一致'] = df['A 部门'] == df['B 部门']
df
```

运行上面代码会得到如表 9-26 所示结果。

表 9-26

	日　期	A 部门	B 部门	是否一致
0	2020/10/1	2785	2785	True
1	2020/10/2	2921	2911	False
2	2020/10/3	2659	2659	True
3	2020/10/4	2799	2709	False
4	2020/10/5	2297	2277	False
5	2020/10/6	2827	2827	True

可以看到，得到的结果与 Excel 中的完全一致。在 Python 中，要比较两列文本是否相等时，方法与“Excel 实现”中的方法二是类似的，直接让一列等于另一列，就是表示比较。这里需要再次注意的是，在 Python 中，“==”表示比较，“=”表示赋值。

2．FIND()函数：查找某个字符是否存在于文本中

我们在上线一些新功能之前，都会用测试账号走一遍完整的流程，看看哪个环节有问题。这时的行为数据也会和其他正常的行为数据一起存储在数据库中。而我们在进行分析时，一般都需要把这些测试的用户标记出来，判断规则就是看用户名中是否包含“测试”两个字。

Excel 实现

在 Excel 中实现上述需求，需要使用 FIND()函数。FIND()函数的形式如下。

```
= FIND(find_text,within_text,start_num)
```

- find_text 表示要查找的文本。
- within_text 表示要在其中查找文本。
- start_num 表示从哪个位置开始查找。

我们要在用户名中查找“测试”两个字。如图 9-22 所示，在 C3 单元格中输入“=FIND("测试",B3,1)”，表示在 B3 单元格中查找“测试”两个字，并从 B3 单元格中的第一个文本开始查找。按下 Enter 键，然后鼠标双击 C3 单元格右下角的十字进行公式的下拉填充，这样就把每个用户名是否包含“测试”两个字的结果判断出来了。

C3　=FIND("测试",B3,1)

用户名	是否测试	是否测试_new
罗天工	#VALUE!	非测试
姜安翔	#VALUE!	非测试
测试专用	1	1
宋蒙雨	#VALUE!	非测试
万小妹	#VALUE!	非测试
产品测试	3	3

图 9-22

运行 FIND()函数，如果查找成功，就会返回文本对应的开始位置。比如，"测试"在"测试专用"这个文本中从第 1 位开始，所以返回的结果是 1；"测试"在"产品测试"这个文本中从第 3 位开始，所以返回的结果是 3。如果查找不成功，就会返回#VALUE!错误。

这里可以结合我们前面学过的 IFERROR()函数，对#VALUE!错误进行处理。如果出现该错误就代表查找没成功，即"非测试"。如图 9-23 所示，在 D3 单元格中输入"=IFERROR(FIND("测试",B3,1),"非测试")"，按下 Enter 键，就能得到处理后的结果。

D3　=IFERROR(FIND("测试",B3,1),"非测试")

用户名	是否测试	是否测试_new
罗天工	#VALUE!	非测试
姜安翔	#VALUE!	非测试
测试专用	1	1
宋蒙雨	#VALUE!	非测试
万小妹	#VALUE!	非测试
产品测试	3	3

图 9-23

Python 实现

首先，新建一个 DataFrame，具体代码如下。

```
df = pd.DataFrame({'用户名':['罗天工','姜安翔','测试专用','宋蒙雨','万小妹','产品测试']})
df
```

运行上面代码会得到如表 9-27 所示结果。

表 9-27

	用户名
0	罗天工
1	姜安翔
2	测试专用
3	宋蒙雨
4	万小妹
5	产品测试

然后，对其进行查找，具体代码如下。

```
df['是否测试'] = df['用户名'].apply(lambda x:x.find('测试'))
df
```

运行上面代码会得到如表 9-28 所示结果。

表 9-28

	用户名	是否测试
0	罗天工	–1
1	姜安翔	–1
2	测试专用	0
3	宋蒙雨	–1
4	万小妹	–1
5	产品测试	2

结果与 Excel 中的结果好像不太一样，但其实是一样的。在 Python 中对文本进行查找时，同样使用 find()函数，当能够查找到时，返回文本的开始位置。因为 Python 中的位置是从 0 开始的，所以可以看到文本“测试专用”返回的结果是 0，文本“产品测试”返回的结果是 2，对应到 Excel 中就是 1 和 3。对查找不到的文本，返回–1 的结果，相当于 Excel 中的#VALUE!错误。

当然，我们也可以在 Python 中对上述查找结果进行进一步处理，具体代码如下。

```
df['是否测试_new'] = df['是否测试'].apply(lambda x:'非测试' if x == -1 else x+1)
df
```

运行上面代码以后得到的结果就和 Excel 中得到的结果完全一样了。

3. SUBSTITUTE()函数：对指定字符进行替换

我们经常会有批量将某一个文本替换为另一个文本的需求，比如公司职级调整，需要将每个人的职级由原来的 M 序列统一调整成 P 序列。

Excel 实现

在 Excel 中实现上述的需求，需要用到 SUBSTITUTE()函数。SUBSTITUTE()函数的形式如下。

```
= SUBSTITUTE(text,old_text,new_text)
```

- text 表示待进行替换的整个文本。
- old_text 表示要被替换的具体文本。
- new_text 表示要被替换成的目标文本。

我们要把职级中的 M 换成 P。如图 9-24 所示，在 D3 单元格中输入“=SUBSTITUTE(C3,"M","P")”，表示将 C3 单元格中的文本“M”替换成“P”。按下 Enter 键，然后鼠标双击 D3 单元格右下角的十字进行公式的下拉填充，这样每个人的职级就全被替换过来了。

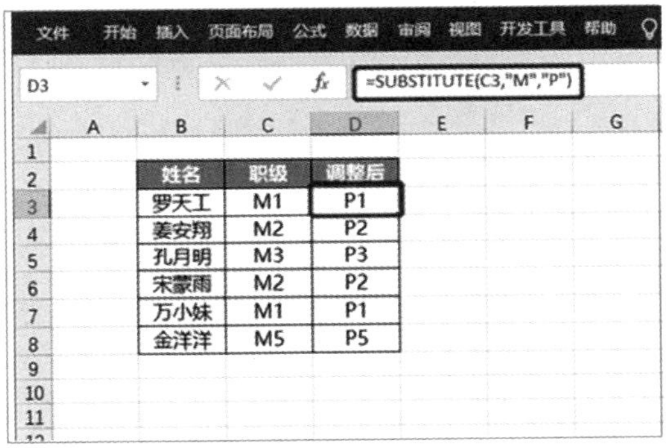

图 9-24

Python 实现

首先，新建一个 DataFrame，具体代码如下。

```
df = pd.DataFrame({'姓名':['罗天工','姜安翔','孔月明','宋蒙雨','万小妹','金洋洋']
               ,'职级':['M1','M2','M3','M2','M1','M5']})
df
```

运行上面代码会得到如表 9-29 所示结果。

表 9-29

	姓　名	职　级
0	罗天工	M1
1	姜安翔	M2
2	孔月明	M3

续表

	姓　名	职　级
3	宋蒙雨	M2
4	万小妹	M1
5	金洋洋	M5

然后，对职级进行替换，具体代码如下。

```
df['替换后'] = df['职级'].apply(lambda x:x.replace('M','P'))
df
```

运行上面代码会得到如表 9-30 所示结果。

表 9-30

	姓　名	职　级	替换后
0	罗天工	M1	P1
1	姜安翔	M2	P2
2	孔月明	M3	P3
3	宋蒙雨	M2	P2
4	万小妹	M1	P1
5	金洋洋	M5	P5

可以看到和 Excel 中得到的结果完全一样。在 Python 中文本替换使用的是 replace()函数，逗号前表示要被替换的文本，逗号后表示要被替换成的目标文本。

4. TRIM()函数：删除文本中的空格

有时，一些文本中多出一些空格，空格最容易导致的一个问题就是匹配不到。为了避免一些不必要的错误，需要对文本中的空格进行批量剔除。比如，我们现在要对一批姓名中的空格进行统一剔除。

Excel 实现

在 Excel 中实现上述需求，需要用到 TRIM()函数。TRIM()函数的形式如下。

```
= TRIM(text)
```

- text 表示要被剔除空格的文本。

我们要对姓名中的空格进行剔除。如图 9-25 所示，为了便于更加直接地观测空格的剔除情况，所以新增了一列“姓名长度”。在 D3 单元格中输入“=TRIM(B3)”，按下 Enter 键，然后鼠标双击 D3 单元格右下角的十字进行公式的下拉填充，细心的读者应该会发现，下拉填充后，“姓名_new 长度”列除了“万 小妹”以外，其他的名字长度都变成了 3。这是因为 TRIM()函数只对文本的开头和结尾的空格起作用，对文本中间的空格不起作用。

	A	B	C	D	E	F
1						
2		姓名	姓名长度	姓名_new	姓名_new长度	
3		罗天工	4	罗天工	3	
4		姜安翔	3	姜安翔	3	
5		孔月明	4	孔月明	3	
6		宋蒙雨	3	宋蒙雨	3	
7		万 小妹	4	万 小妹	4	
8		金洋洋	3	金洋洋	3	

图 9-25

Python 实现

新建一个 DataFrame，具体代码如下。

```
df = pd.DataFrame({'姓名':[' 罗天工','姜安翔','孔月明 ','宋蒙雨','万 小妹','金洋洋
']})
df
```

运行上面代码会得到如表 9-31 所示结果。

表 9-31

	姓　名
0	罗天工
1	姜安翔
2	孔月明
3	宋蒙雨
4	万 小妹
5	金洋洋

同样新增一列“姓名长度”，具体代码如下。

```
df['姓名长度'] = df['姓名'].apply(lambda x:len(x))
```

在得到“姓名长度”列以后，我们对“姓名”列进行空格剔除，具体代码如下。

```
df['姓名_new'] = df['姓名'].apply(lambda x:x.strip())
df['姓名_new长度'] = df['姓名_new'].apply(lambda x:len(x))
df
```

运行上面代码会得到如表 9-32 所示结果。

表 9-32

	姓　名	姓名长度	姓名_new	姓名_new 长度
0	罗天工	4	罗天工	3
1	姜安翔	3	姜安翔	3
2	孔月明	4	孔月明	3
3	宋蒙雨	3	宋蒙雨	3
4	万 小妹	4	万 小妹	4
5	金洋洋	3	金洋洋	3

可以看到，运行结果与 Excel 中的结果完全一样。在 Python 中对空格进行剔除使用的是 strip()函数，strip()函数与 Excel 中 TRIM()函数相同的一点是，都只对文本开头和结尾的空格起作用，对文本中间的空格不起作用。

9.4 日期与时间函数

日期与时间函数也是我们工作中使用频率比较高的一部分函数。这里先介绍一下日期和时间的区别，日期是指何年何月何日，时间是指几点几分几秒。

9.4.1 获取当前的日期、时间

工作中经常需要根据当前所属的日期和时间来进行下一步运算，比如要计算今天对应的环比数据，首先需要知道今天的日期，然后在今天日期的基础上减 1 就是环比日期。

1. NOW()函数：返回当前日期和时间

假设我们现在有一个需求，就是获取此时此刻所处的日期和时间。

Excel 实现

在 Excel 中获取当前时刻所处的日期和时间，需要用到 NOW()函数。NOW()函数的形式如下。

```
= NOW()
```

如图 9-26 所示，直接在 B3 单元格中输入“=NOW()”，按下 Enter 键，即可得到当前时刻所属的日期时间。

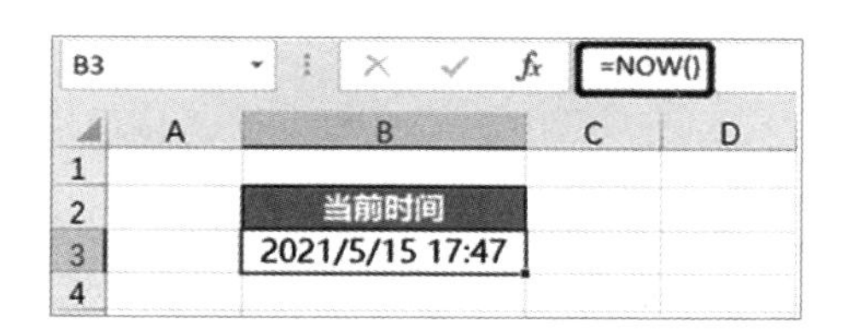

图 9-26

Python 实现

在 Python 中获取当前时刻所处的日期和时间，同样使用 now()函数，只不过需要借助 datetime 库，所以需要提前导入该库，具体代码如下。

```
from datetime import datetime
datetime.now()
```

运行上面代码会得到如下结果。

```
datetime.datetime(2020, 11, 23, 8, 37, 51, 539765)
```

如果 Excel 中的函数和 Python 中的函数是同一时间运行的，那么得到的结果也会是完全一样的，会因为运行时间不一样，得到的日期时间也不一样。

2. TODAY()函数：返回当前日期

有时候，我们可能不需要获取时间，只需要获取当前所处的日期。

Excel 实现

在 Excel 中获取当前时刻所处的日期，需要用到 TODAY()函数。TODAY()函数的形式如下：

```
= TODAY()
```

如图 9-27 所示，直接在 B3 单元格中输入“=TODAY()”，按下 Enter 键，即可得到当前时刻所属的日期。

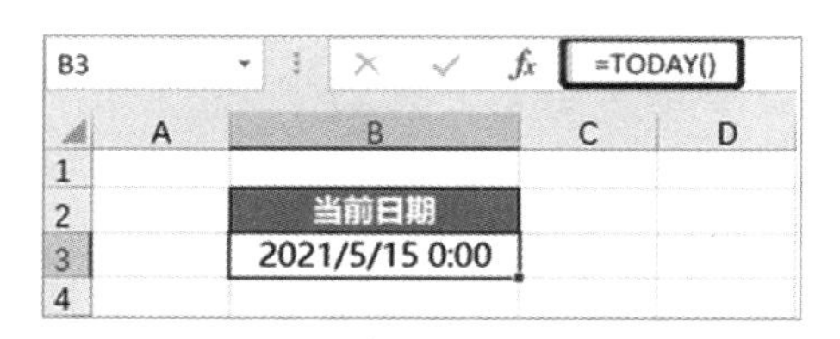

图 9-27

Python 实现

在 Python 中获取当前时刻所处的日期，需要先获取当前时刻的日期时间，然后将其转化为日期格式，具体代码如下。

```
datetime.now().date()
```

运行上面代码会得到如下结果。

```
datetime.date(2020, 11, 23)
```

9.4.2 获取日期和时间中的某部分

有时我们拿到一个日期时间以后只想要获取其中的某一部分信息，比如年、月、周。这时就需要用到本节所介绍的获取日期时间中的某部分的方法。

1. WEEKDAY()函数：获取周几

我们都知道一周有 7 天，现在要获取一个日期对应的是一周中的第几天，也就是周几。

Excel 实现

在 Excel 中实现上述需求，需要用到 WEEKDAY()函数。WEEKDAY()函数的形式如下。

```
= WEEKDAY(serial_number,return_type)
```

- serial_number 表示要从其中获取周几的日期。
- return_type 表示周的类型，不同的 return_type 值代表不同的周类型。表 9-33 为不同 return_type 值对应的周的类型。

表 9-33

return_type 值	周类型
1	返回从 1（星期日）到 7（星期六）的值
2	返回从 1（星期一）到 7（星期日）的值
3	返回从 0（星期一）到 6（星期日）的值

return_type 值可以省略不写。当省略不写时，默认值为 1，即返回从 1（星期日）到 7（星期六）的值。

下面获取每个日期对应的是周几。如图 9-28 所示，在 C3 单元格中输入“=WEEKDAY(B3,2)”，因为我们日常生活中习惯的一周是从周一到周日，且对应的值为 1 到 7，所以这里选择 return_type 的值为 2。按下 Enter 键，然后鼠标双击 C3 单元格右下角的十字进行公式的下拉填充，这样每个日期对应的周几就出来了。

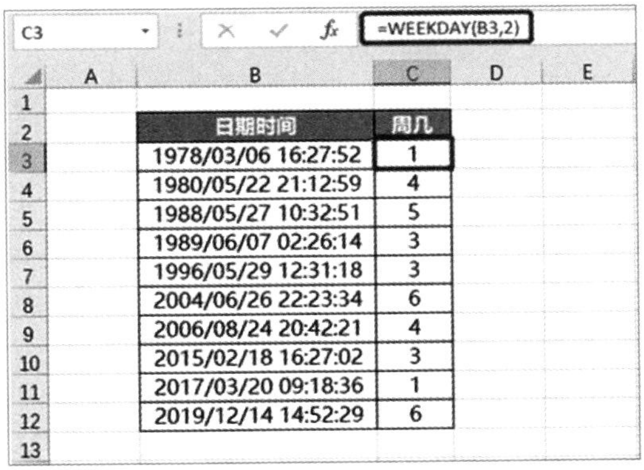

C3　=WEEKDAY(B3,2)

日期时间	周几
1978/03/06 16:27:52	1
1980/05/22 21:12:59	4
1988/05/27 10:32:51	5
1989/06/07 02:26:14	3
1996/05/29 12:31:18	3
2004/06/26 22:23:34	6
2006/08/24 20:42:21	4
2015/02/18 16:27:02	3
2017/03/20 09:18:36	1
2019/12/14 14:52:29	6

图 9-28

Python 实现

首先，新建一个 DataFrame，具体代码如下。

```
df = pd.DataFrame({'日期时间':['1978-03-06 16:27:52'
                            ,'1980-05-22 21:12:59'
                            ,'1988-05-27 10:32:51'
                            ,'1989-06-07 02:26:14'
                            ,'1996-05-29 12:31:18'
                            ,'2004-06-26 22:23:34'
                            ,'2006-08-24 20:42:21'
                            ,'2015-02-18 16:27:02'
                            ,'2017-03-20 09:18:36'
                            ,'2019-12-14 14:52:29']})
```

运行上面代码会得到如表 9-34 所示结果。

表 9-34

	日期时间
0	1978-03-06 16:27:52
1	1980-05-22 21:12:59
2	1988-05-27 10:32:51
3	1989-06-07 02:26:14
4	1996-05-29 12:31:18
5	2004-06-26 22:23:34
6	2006-08-24 20:42:21
7	2015-02-18 16:27:02
8	2017-03-20 09:18:36
9	2019-12-14 14:52:29

然后，可以获取其中的周几，具体代码如下。

```
from dateutil.parser import parse
df['周几'] = df['日期时间'].apply(lambda x:parse(x).weekday() + 1)
df
```

运行上面代码会得到如表 9-35 所示结果。

表 9-35

	日期时间	周　几
0	1978-03-06 16:27:52	1
1	1980-05-22 21:12:59	4
2	1988-05-27 10:32:51	5
3	1989-06-07 02:26:14	3
4	1996-05-29 12:31:18	3
5	2004-06-26 22:23:34	6
6	2006-08-24 20:42:21	4
7	2015-02-18 16:27:02	3
8	2017-03-20 09:18:36	1
9	2019-12-14 14:52:29	6

可以看到和 Excel 中得到的结果完全一样。因为 DataFrame 中的日期时间是字符串格式，需要转换成日期时间格式以后才可以获取其中的周数，格式转换用到的是 parse(x)。转化成日期时间格式以后，就可以利用 weekday()函数获取到周几，但是 Python 中默认的周是 Excel 中 return_type 值对应的类型，所以需要在获取到的结果后面加 1。

2. WEEKNUM()函数：获取周数

我们知道一周有 7 天，一年大概有 52～53 周，如果想要知道一个日期属于全年中的第几周，就需要获取该日期对应的周数。

Excel 实现

在 Excel 中实现上述需求，需要用到 WEEKNUM()函数。WEEKNUM()函数的形式如下。

```
= WEEKNUM(serial_number,return_type)
```

- serial_number 表示要从其中获取周数的日期。
- return_type 表示周的类型，不同的 return_type 值代表不同的周类型。表 9-36 所示为不同 return_type 值对应的周的类型。

表 9-36

return_type 值	周类型
1	一周是从周日开始的
2	一周是从周一开始的

return_type 值可以省略不写。当省略不写时，默认值为 1，即一周是从周日开始的。

下面获取每个日期对应的周数。如图 9-29 所示，在 C3 单元格中输入“=WEEKNUM(B3,2)”，因为我们日常生活中习惯的一周是从周一开始的，所以这里选择 return_type 的值为 2。按下 Enter 键，然后鼠标双击 C3 单元格右下角的十字进行公式的下拉填充，这样每个日期对应的周数就出来了。

C3 =WEEKNUM(B3,2)

日期时间	周数
1978/03/06 16:27:52	11
1980/05/22 21:12:59	21
1988/05/27 10:32:51	22
1989/06/07 02:26:14	24
1996/05/29 12:31:18	22
2004/06/26 22:23:34	26
2006/08/24 20:42:21	35
2015/02/18 16:27:02	8
2017/03/20 09:18:36	13
2019/12/14 14:52:29	50

图 9-29

Python 实现

还是使用前面获取周几的数据集，现在可以直接获取周数，具体代码如下。

```
df['周数'] = df['日期时间'].apply(lambda x:parse(x).isocalendar()[1])
df
```

运行上面代码会得到如表 9-37 所示结果。

表 9-37

	日期时间	周　数
0	1978-03-06 16:27:52	10
1	1980-05-22 21:12:59	21
2	1988-05-27 10:32:51	22
3	1989-06-07 02:26:14	23

续表

	日期时间	周　数
4	1996-05-29 12:31:18	22
5	2004-06-26 22:23:34	26
6	2006-08-24 20:42:21	34
7	2015-02-18 16:27:02	8
8	2017-03-20 09:18:36	12
9	2019-12-14 14:52:29	50

细心的读者可能会发现，这次 Python 中得出的结果与 Excel 中的结果有的一样，有的不一样。这和我们在 Python 中调用的 isocalendar()函数有关，我们来看一下 isocalendar()函数的具体用法。

isocalendar()函数会返回日期对应的年、周数、周几这 3 个值，比如：

```
parse('2020-01-01').isocalendar()
```

运行上面的代码会得到结果(2020, 1, 3)，表示 2020 年的第 1 周中的第 3 天（星期三），可以看到和我们手动查出来的日历结果是一样的（见图 9-30），说明 isocalendar()函数中默认的一周是从周一开始的，这与 Excel 中的 return_type 值等于 2 是一样的，但为什么还是会有结果不一样呢？

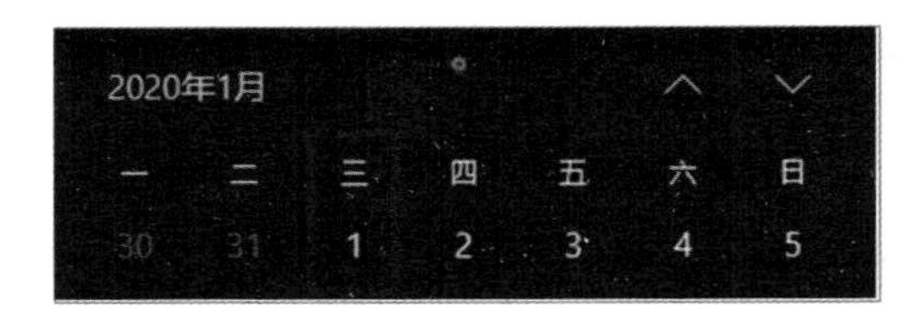

图 9-30

之所以会出现上面这种情况，是因为 Excel 和 Python 默认的一年中的开始周是不一样的。在 Excel 中会把每年 1 月 1 所在的那一周当作第一周，而在 Python 中会根据 1 月 1 是星期几来决定该周是属于当年的第一周还是属于上一年的最后一周。如果 1 月 1 是星期一、二、三、四，那么就把这一周归属到当年的第一周；如果 1 月 1 是星期五、六、日，那么就把这一周归属到上一年的最后一周。

图 9-31 所示为一些年的 1 月 1 所对应的是星期几。

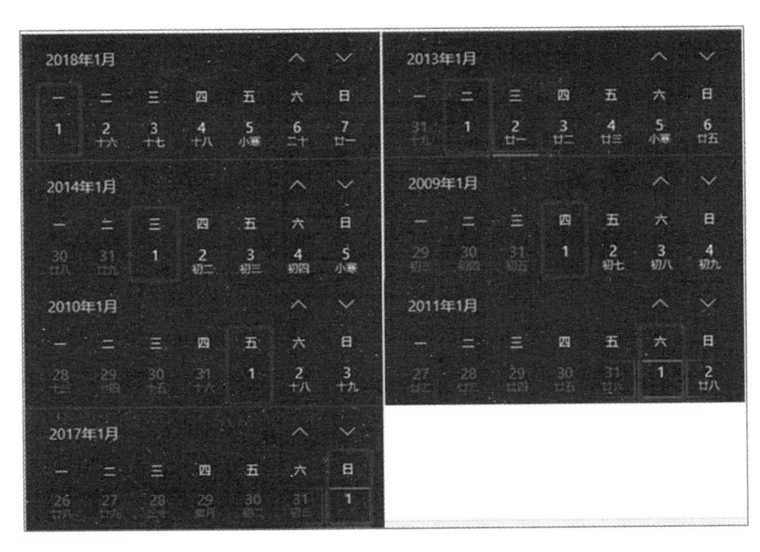

图 9-31

在 Excel 中对上述日期调用 WEEKNUM()函数，得到的结果均为 1，也就是均归属到当年的第一周。

在 Python 中对上述日期调用 isocalendar()函数，得到的结果如表 9-38 所示。

表 9-38

	日　期	isocalendar()函数的结果值
0	2018-01-01	(2018, 1, 1)
1	2013-01-01	(2013, 1, 2)
2	2014-01-01	(2014, 1, 3)
3	2009-01-01	(2009, 1, 4)
4	2010-01-01	(2009, 53, 5)
5	2011-01-01	(2010, 52, 6)
6	2017-01-01	(2016, 52, 7)

可以看到，结果是符合我们上面的结论的。

3. YEAR()函数：获取年

一个完整的日期时间中会包括这个日期时间所处的年、月、日、时、分、秒等信息，这些信息并不是所有都需要用到，我们会根据实际情况选择其中的部分信息，比如要获取其中的年份信息。

Excel 实现

在 Excel 中获取日期时间中的年份信息，需要用到 YEAR()函数。YEAR()函数的形式如下。

```
= YEAR(serial_number)
```

- serial_number 表示要从中获取年份信息的日期时间。

下面获取每个日期时间对应的年份。如图 9-32 所示，在 C3 单元格中输入“=YEAR(B3)”，按下 Enter 键，然后鼠标双击 C3 单元格右下角的十字进行公式的下拉填充，这样每个日期时间对应的年份信息就出来了。

C3 =YEAR(B3)

日期时间	年
1978/03/06 16:27:52	1978
1980/05/22 21:12:59	1980
1988/05/27 10:32:51	1988
1989/06/07 02:26:14	1989
1996/05/29 12:31:18	1996
2004/06/26 22:23:34	2004
2006/08/24 20:42:21	2006
2015/02/18 16:27:02	2015
2017/03/20 09:18:36	2017
2019/12/14 14:52:29	2019

图 9-32

Python 实现

还是使用前面的数据集，对其获取年份信息的具体代码如下。

```
from dateutil.parser import parse
df['年份'] = df['日期时间'].apply(lambda x:parse(x).year)
df
```

运行上面代码会得到如表 9-39 所示结果。

表 9-39

	日期时间	年　份
0	1978-03-06 16:27:52	1978
1	1980-05-22 21:12:59	1980
2	1988-05-27 10:32:51	1988
3	1989-06-07 02:26:14	1989
4	1996-05-29 12:31:18	1996
5	2004-06-26 22:23:34	2004

续表

	日期时间	年　份
6	2006-08-24 20:42:21	2006
7	2015-02-18 16:27:02	2015
8	2017-03-20 09:18:36	2017
9	2019-12-14 14:52:29	2019

可以看到，得到的结果与 Excel 中完全一致，在 Python 中要获取日期时间的年份信息，使用的也是 year。细心的读者可能会发现，这里的 year 后面没有括号，而前面的函数名后面都是有括号的。有括号的是函数，没括号的是属性。

函数是对一件事物执行某个操作，属性是一件事物特有的性质。比如对你的名字进行更改，就可以是一个函数，而你名字中的姓氏就是一个属性。我们这里是要获取一个日期时间中关于年份的属性。

4．MONTH()函数：获取月

获取月份与获取年份的思路基本一致。

Excel 实现

在 Excel 中获取日期时间中的月份信息，需要用到 MONTH()函数。MONTH()函数的形式如下。

```
= MONTH(serial_number)
```

- serial_number 表示要从中获取月份信息的日期时间。

下面获取每个日期时间对应的月份。如图 9-33 所示，在 C3 单元格中输入“=MONTH(B3)”，按下 Enter 键，然后鼠标双击 C3 单元格右下角的十字进行公式的下拉填充，这样每个日期时间对应的月份信息就出来了。

Python 实现

还是使用前面的数据集，获取其月份信息的具体代码如下。

```
from dateutil.parser import parse
df['月份'] = df['日期时间'].apply(lambda x:parse(x).month)
df
```

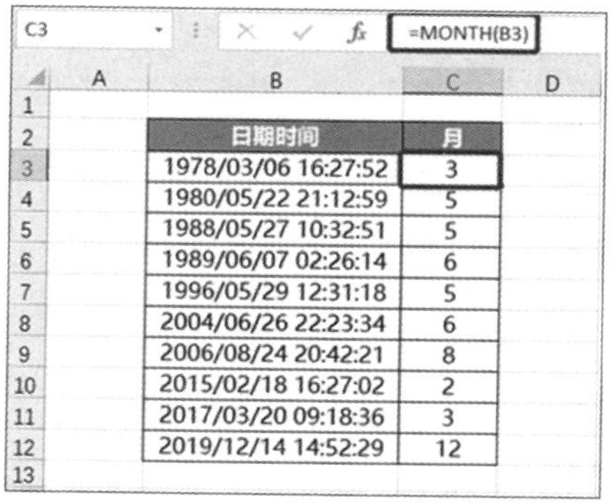

C3 =MONTH(B3)

	A	B	C	D
1				
2		日期时间	月	
3		1978/03/06 16:27:52	3	
4		1980/05/22 21:12:59	5	
5		1988/05/27 10:32:51	5	
6		1989/06/07 02:26:14	6	
7		1996/05/29 12:31:18	5	
8		2004/06/26 22:23:34	6	
9		2006/08/24 20:42:21	8	
10		2015/02/18 16:27:02	2	
11		2017/03/20 09:18:36	3	
12		2019/12/14 14:52:29	12	
13				

图 9-33

运行上面代码会得到如表 9-40 所示结果。

表 9-40

	日期时间	月　份
0	1978-03-06 16:27:52	3
1	1980-05-22 21:12:59	5
2	1988-05-27 10:32:51	5
3	1989-06-07 02:26:14	6
4	1996-05-29 12:31:18	5
5	2004-06-26 22:23:34	6
6	2006-08-24 20:42:21	8
7	2015-02-18 16:27:02	2
8	2017-03-20 09:18:36	3
9	2019-12-14 14:52:29	12

可以看到，结果与 Excel 中的完全一致。在 Python 中要获取日期时间中的月份信息，使用的是 month，month 也是日期时间中的一个属性。

5．DAY()函数：获取日

获取日与获取年月份的思路基本一致。

Excel 实现

在 Excel 中获取日期时间中的日信息，需要用到 DAY()函数。DAY()函数的形式如下。

```
= DAY(serial_number)
```

- serial_number 表示要从中获取日信息的日期时间。

下面获取每个日期时间对应的日信息。如图 9-34 所示，在 C3 单元格中输入“=DAY(B3)”，按下 Enter 键，然后鼠标双击 C3 单元格右下角的十字进行公式的下拉填充，这样每个日期时间对应的日信息就出来了。

C3 =DAY(B3)

日期时间	日
1978/03/06 16:27:52	6
1980/05/22 21:12:59	22
1988/05/27 10:32:51	27
1989/06/07 02:26:14	7
1996/05/29 12:31:18	29
2004/06/26 22:23:34	26
2006/08/24 20:42:21	24
2015/02/18 16:27:02	18
2017/03/20 09:18:36	20
2019/12/14 14:52:29	14

图 9-34

Python 实现

还是使用前面的数据集，对其获取日信息的具体代码如下。

```
from dateutil.parser import parse
df['日'] = df['日期时间'].apply(lambda x:parse(x).day)
df
```

运行上面代码会得到如表 9-41 所示结果。

表 9-41

	日期时间	日
0	1978-03-06 16:27:52	6
1	1980-05-22 21:12:59	22
2	1988-05-27 10:32:51	27
3	1989-06-07 02:26:14	7
4	1996-05-29 12:31:18	29
5	2004-06-26 22:23:34	26
6	2006-08-24 20:42:21	24
7	2015-02-18 16:27:02	18
8	2017-03-20 09:18:36	20
9	2019-12-14 14:52:29	14

可以看到，结果与 Excel 中的完全一致。在 Python 中要获取日期时间中的日信息，使用的是 day，day 也是日期时间中的一个属性。

6．HOUR()函数：获取小时

获取小时与获取年月份的思路基本一致。

Excel 实现

在 Excel 中获取日期时间中的小时信息，需要用到 HOUR()函数。HOUR()函数的形式如下。

```
= HOUR(serial_number)
```

- serial_number 表示要从中获取小时信息的日期时间。

下面获取每个日期时间对应的小时。如图 9-35 所示，在 C3 单元格中输入“=HOUR(B3)”，按下 Enter 键，然后鼠标双击 C3 单元格右下角的十字进行公式的下拉填充，这样每个日期时间对应的小时就出来了。

C3 =HOUR(B3)

日期时间	小时
1978/03/06 16:27:52	16
1980/05/22 21:12:59	21
1988/05/27 10:32:51	10
1989/06/07 02:26:14	2
1996/05/29 12:31:18	12
2004/06/26 22:23:34	22
2006/08/24 20:42:21	20
2015/02/18 16:27:02	16
2017/03/20 09:18:36	9
2019/12/14 14:52:29	14

图 9-35

Python 实现

还是使用前面的数据集，对其获取小时信息的具体代码如下。

```
from dateutil.parser import parse
df['小时'] = df['日期时间'].apply(lambda x:parse(x).hour)
df
```

运行上面代码会得到如表 9-42 所示结果。

表 9-42

	日期时间	小　时
0	1978-03-06 16:27:52	16
1	1980-05-22 21:12:59	21
2	1988-05-27 10:32:51	10

续表

	日期时间	小　　时
3	1989-06-07 02:26:14	2
4	1996-05-29 12:31:18	12
5	2004-06-26 22:23:34	22
6	2006-08-24 20:42:21	20
7	2015-02-18 16:27:02	16
8	2017-03-20 09:18:36	9
9	2019-12-14 14:52:29	14

可以看到，结果与 Excel 中的完全一致。在 Python 中要获取日期时间中的小时信息，使用的是 hour，hour 也是日期时间中的一个属性。

7．MINUTE()函数：获取分钟

获取分钟与获取年月份的思路基本一致。

Excel 实现

在 Excel 中获取日期时间中的分钟信息，需要用到 MINUTE()函数。MINUTE()函数的形式如下。

```
= MINUTE(serial_number)
```

- serial_number 表示要从中获取分钟信息的日期时间。

下面获取每个日期时间对应的分钟。如图 9-36 所示，在 C3 单元格中输入“=MINUTE(B3)”，按下 Enter 键，然后鼠标双击 C3 单元格右下角的十字进行公式的下拉填充，这样每个日期时间对应的分钟信息就出来了。

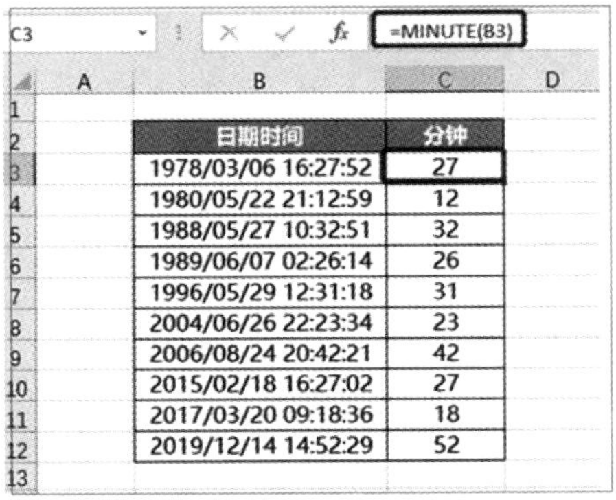

C3　=MINUTE(B3)

日期时间	分钟
1978/03/06 16:27:52	27
1980/05/22 21:12:59	12
1988/05/27 10:32:51	32
1989/06/07 02:26:14	26
1996/05/29 12:31:18	31
2004/06/26 22:23:34	23
2006/08/24 20:42:21	42
2015/02/18 16:27:02	27
2017/03/20 09:18:36	18
2019/12/14 14:52:29	52

图 9-36

Python 实现

还是使用前面的数据集，对其获取分钟信息的具体代码如下。

```
from dateutil.parser import parse
df['分钟'] = df['日期时间'].apply(lambda x:parse(x).minute)
df
```

运行上面代码会得到如表 9-43 所示结果。

表 9-43

	日期时间	分　钟
0	1978-03-06 16:27:52	27
1	1980-05-22 21:12:59	12
2	1988-05-27 10:32:51	32
3	1989-06-07 02:26:14	26
4	1996-05-29 12:31:18	31
5	2004-06-26 22:23:34	23
6	2006-08-24 20:42:21	42
7	2015-02-18 16:27:02	27
8	2017-03-20 09:18:36	18
9	2019-12-14 14:52:29	52

可以看到，结果与 Excel 中的完全一致。在 Python 中要获取日期时间中的分钟信息，使用的是 minute，minute 也是日期时间中的一个属性。

8. SECOND()函数：获取秒

获取秒与获取年月份的思路基本一致。

Excel 实现

在 Excel 中获取日期时间中的秒信息，需要用到 SECOND()函数，SECOND()函数的形式如下。

```
= SECOND(serial_number)
```

- serial_number 表示要从中获取秒信息的日期时间。

下面获取每个日期时间对应的秒。如图 9-37 所示，在 C3 单元格中输入"=SECOND(B3)"，按下 Enter 键，然后鼠标双击 C3 单元格右下角的十字进行公式的下拉填充，这样每个日期时间对应的秒信息就出来了。

C3 =SECOND(B3)

日期时间	秒
1978/03/06 16:27:52	52
1980/05/22 21:12:59	59
1988/05/27 10:32:51	51
1989/06/07 02:26:14	14
1996/05/29 12:31:18	18
2004/06/26 22:23:34	34
2006/08/24 20:42:21	21
2015/02/18 16:27:02	2
2017/03/20 09:18:36	36
2019/12/14 14:52:29	29

图 9-37

Python 实现

还是使用前面的数据集，对其获取秒信息的具体代码如下。

```
from dateutil.parser import parse
df['秒'] = df['日期时间'].apply(lambda x:parse(x).second)
df
```

运行上面代码会得到如表 9-44 所示结果。

表 9-44

	日期时间	秒
0	1978-03-06 16:27:52	52
1	1980-05-22 21:12:59	59
2	1988-05-27 10:32:51	51
3	1989-06-07 02:26:14	14
4	1996-05-29 12:31:18	18
5	2004-06-26 22:23:34	34
6	2006-08-24 20:42:21	21
7	2015-02-18 16:27:02	02
8	2017-03-20 09:18:36	36
9	2019-12-14 14:52:29	29

可以看到，结果与 Excel 中的完全一致。在 Python 中获取日期时间中的秒信息，使用的是 second，second 也是日期时间中的一个属性。

9.4.3 日期时间的运算——两个日期之间的差值

在工作中，日期时间之间的运算也是使用比较多的一个操作。已知两个日期，需要计算两个日期的相隔天数。

Excel 实现

在 Excel 中计算两个日期的相隔天数，可以使用 DAYS()函数。DAYS()函数的形式如下。

```
= DAYS(end_date,start_date)
```

- end_date 表示结束日期。
- start_date 表示开始日期。

下面获取两个日期的相隔天数。如图 9-38 所示，在 C3 单元格中输入“=DAYS(C3,B3)”，按下 Enter 键，然后鼠标双击 C3 单元格右下角的十字进行公式的下拉填充，这样两个日期相隔的天数就计算出来了。

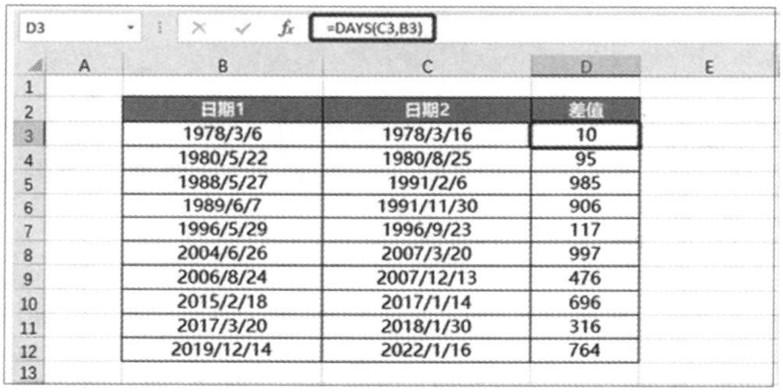

D3 =DAYS(C3,B3)

日期1	日期2	差值
1978/3/6	1978/3/16	10
1980/5/22	1980/8/25	95
1988/5/27	1991/2/6	985
1989/6/7	1991/11/30	906
1996/5/29	1996/9/23	117
2004/6/26	2007/3/20	997
2006/8/24	2007/12/13	476
2015/2/18	2017/1/14	696
2017/3/20	2018/1/30	316
2019/12/14	2022/1/16	764

图 9-38

Python 实现

首先。新建一个 DataFrame，具体代码如下。

```
df = pd.DataFrame({'日期1':["1978/3/6","1980/5/22","1988/5/27","
1989/6/7","1996/5/29","2004/6/26","2006/8/24","2015/2/18","2017/3/20","2019/12
/14"]
                ,'日期2':["1978/3/16","1980/8/25","1991/2/6"," 1991
/11/30","1996/9/23","2007/3/20","2007/12/13","2017/1/14","2018/1/30","2022/1/1
6"]})
df
```

运行上面代码会得到如表 9-45 所示结果。

表 9-45

	日期 1	日期 2
0	1978/3/6	1978/3/16
1	1980/5/22	1980/8/25
2	1988/5/27	1991/2/6

续表

	日期 1	日期 2
3	1989/6/7	1991/11/30
4	1996/5/29	1996/9/23
5	2004/6/26	2007/3/20
6	2006/8/24	2007/12/13
7	2015/2/18	2017/1/14
8	2017/3/20	2018/1/30
9	2019/12/14	2022/1/16

然后，计算两个日期的差，具体代码如下。

```
df['差值'] = df['日期 2'].apply(lambda x:parse(x))-df['日期 1'].apply(lambda
x:parse(x))
df
```

运行上面代码会得到如表 9-46 所示结果。

表 9-46

	日期 1	日期 2	差　值
0	1978/3/6	1978/3/16	10 days
1	1980/5/22	1980/8/25	95 days
2	1988/5/27	1991/2/6	985 days
3	1989/6/7	1991/11/30	906 days
4	1996/5/29	1996/9/23	117 days
5	2004/6/26	2007/3/20	997 days
6	2006/8/24	2007/12/13	476 days
7	2015/2/18	2017/1/14	696 days
8	2017/3/20	2018/1/30	316 days
9	2019/12/14	2022/1/16	764 days

可以看到，除了多一个单位“days”，数值结果与 Excel 中得到的结果是完全一样的。在 Python 中获取两个日期相隔的天数时，直接对两个日期做差运算即可。不过这里需要先将字符串格式转换为时间格式，再进行运算。

如果要将差值的后缀 days 去掉，则可以通过如下代码实现。

```
df['差值_no_days'] = df['差值'].apply(lambda x:x.days)
df
```

运行上面代码会得到如表 9-47 所示结果。

表 9-47

	日期 1	日期 2	差　　值	差值_no_days
0	1978/3/6	1978/3/16	10 days	10
1	1980/5/22	1980/8/25	95 days	95
2	1988/5/27	1991/2/6	985 days	985
3	1989/6/7	1991/11/30	906 days	906
4	1996/5/29	1996/9/23	117 days	117
5	2004/6/26	2007/3/20	997 days	997
6	2006/8/24	2007/12/13	476 days	476
7	2015/2/18	2017/1/14	696 days	696
8	2017/3/20	2018/1/30	316 days	316
9	2019/12/14	2022/1/16	764 days	764

9.5 查找与引用

9.5.1 VLOOKUP()函数：在多列以及多表中查找数据

VLOOKUP()函数在 Excel 中是一个使用非常高频的函数，该函数的作用是在一个表中查找另一个表相对应的值。

如图 9-38 所示，表 1 存储了学生的名次、姓名、学号和成绩，表 2 存储了学生的姓名、学号和班级，现在要从表 2 中匹配表 1 中每位学生的班级，这个需求应该怎么实现呢？

Excel 实现

在 Excel 中实现上述需求，需要用到 VLOOKUP()函数。VLOOKUP()函数的形式如下。

```
= VLOOKUP(lookup_value,table_array,col_index_num,range_lookup)
```

- lookup_value 表示要查找的值，比如在这个场景下，我们要查找的就是学号，因为每个人的学号是唯一的。
- table_array 表示待查找的需求，就是要去哪里查找学号及对应的班级信息。
- col_index_num 表示从 table_array 区域中返回第几列的值，也就是我们希望得到的班级信息。
- range_lookup 表示匹配的精度，0 表示精确匹配，1 表示模糊匹配。

下面根据表 1 中的学号去表 2 中查找该学号对应的班级。如图 9-39 所示，在 F12 单元格中输入“=VLOOKUP(D12,$H$4:$I$7,2,0)”，D12 表示要查找的学号，$H$4:$I$7 表示待查找的学号和要返回的班级区域，我们会在 H 列查找学号，然后返回对应 I 列的班级信息，I 列是第 2 列，所以 col_index_num 的值为 2。输入公式后按下 Enter 键，鼠标双击 F12 单元格右下角的十字进行公式的下拉填充，这样每个学号对应的班级信息就获取到了。

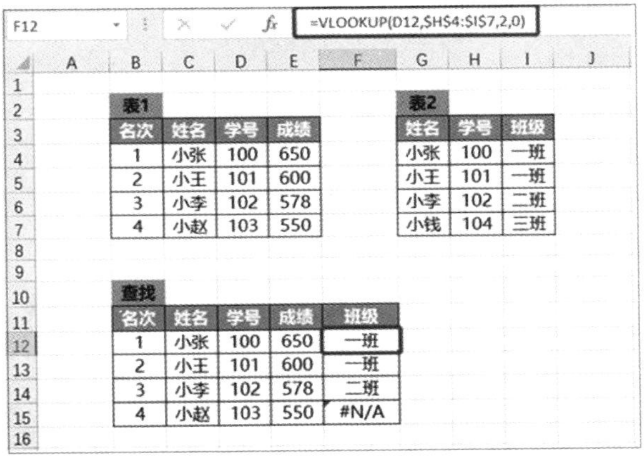

F12　=VLOOKUP(D12,$H$4:$I$7,2,0)

表1

名次	姓名	学号	成绩
1	小张	100	650
2	小王	101	600
3	小李	102	578
4	小赵	103	550

表2

姓名	学号	班级
小张	100	一班
小王	101	一班
小李	102	二班
小钱	104	三班

查找

名次	姓名	学号	成绩	班级
1	小张	100	650	一班
2	小王	101	600	一班
3	小李	102	578	二班
4	小赵	103	550	#N/A

图 9-39

因为学号 103 在表 2 中不存在，所以返回#N/A 值。

Python 实现

先新建两个 DataFrame，具体代码如下。

```
df1 = pd.DataFrame({"名次":[1,2,3,4],
                    "姓名":["小张","小王","小李","小赵"],
                    "学号":[100,101,102,103],
                    "成绩":[650,600,578,550]})
df2 = pd.DataFrame({"姓名":["小张","小王","小李","小钱"],
                    "学号":[100,101,102,104],
                    "班级":["一班","一班","二班","三班"]})
```

运行上面代码会得到两个表：df1 和 df2，有了表以后就可以实现上述的查找需求了，具体实现代码如下。

```
df = pd.merge(df1,df2[['学号','班级']],on = "学号",how = "left")
df
```

运行上面的代码会得到如表 9-48 所示结果。

表 9-48

	名　次	姓　名	学　号	成　绩	班　级
0	1	小张	100	650	一班
1	2	小王	101	600	一班
2	3	小李	102	578	二班
3	4	小赵	103	550	NaN

可以看到，结果与 Excel 中得到的结果完全一样。在 Python 中要实现不同表之间数据的查找功能，使用的是 merge()函数，merge()函数是将两个表根据一列或者多列作为公共列拼接在一起的，可以间接地实现 VLOOKUP()函数的匹配查找功能。

merge()函数的形式如下。

```
pd.merge(表1,表2,on = ,how = )
```

- 表 1 和表 2 是待拼接的两个表。
- on 用来指明两个表用什么列作为公共列进行拼接，我们这里是用“学号”进行拼接的。
- how 用来指明哪个表作为主表，作为主表的这个表保持不动，将另一个表的数据拼接到这个主表上。一般都是将左边的表作为主表，即表 1，所以 how 的值为 left。

9.5.2 ROWS()函数：获取区域中的行数

我们有时需要获取指定区域表中的行数。

Excel 实现

在 Excel 中实现上述需求，需要用到 ROWS()函数，ROWS()函数的形式如下。

```
= ROWS(reference)
```

- reference 表示要获取行数的区域。

如图 9-40 所示，我们在 C8 单元格中输入“=ROWS(B3:E6)”，按下 Enter 键，可以得到 B3:E6 单元格区域的行数。

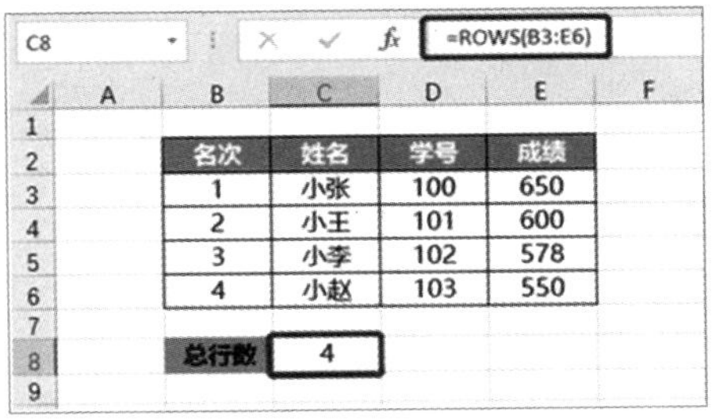

C8　=ROWS(B3:E6)

名次	姓名	学号	成绩
1	小张	100	650
2	小王	101	600
3	小李	102	578
4	小赵	103	550

总行数	4

图 9-40

Python 实现

还是使用前面的表 1 数据，获取表 1 的行数，实现代码如下。

```
df1.shape
```

运行上面代码会得到(4, 4)的结果，表示 df1 是一个 4 行 4 列的数据表。shape 用于获取一个表的行数和列数。如果只需要行数，则可以通过如下代码获得。

```
df1.shape[0]
```

9.5.3　COLUMNS()函数：获取区域中的列数

列数与行数是相对应的一个需求。

Excel 实现

在 Excel 中实现获取列数的需求，需要用到 COLUMNS()函数，COLUMNS()函数的形式如下。

```
= COLUMNS(reference)
```

- reference 表示要获取列数的区域。

如图 9-41 所示，我们在 C8 单元格中输入“=COLUMNS(B3:E6)”，按下 Enter 键，可以得到 B3:E6 单元格区域的列数。

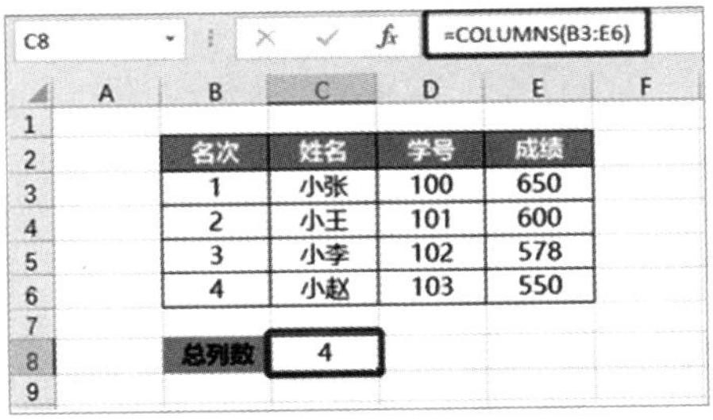

C8　=COLUMNS(B3:E6)

名次	姓名	学号	成绩
1	小张	100	650
2	小王	101	600
3	小李	102	578
4	小赵	103	550

总列数	4

图 9-41

Python 实现

在 Python 中获取列数与获取行数的方法一样，都是使用 shape，shape[0]代表行数，shape[1]代表列数。

9.6 数学和三角函数

9.6.1 常规计算函数

1. SUMPRODUCT()函数：对值进行相乘求和

假如你是一个小超市的老板，有一张流水表记录了超市一天各个商品的销量和单价，现在想要知道一天总的营业额是多少。

Excel 实现

在 Excel 中实现上述需求，需要用到 SUMPRODUCT()函数，SUMPRODUCT()函数的形式如下。

```
= SUMPRODUCT(array1,array2,array3...)
```

- array1、array2、array3 分别表示要相乘再求和的序列数据。

下面对销量和单价相乘再求和。如图 9-42 所示，在 C10 单元格中输入“=SUMPRODUCT(C3:C8,D3:D8)”，按下 Enter 键，就可以得到每个商品销量和单价相乘以后再相加的结果。

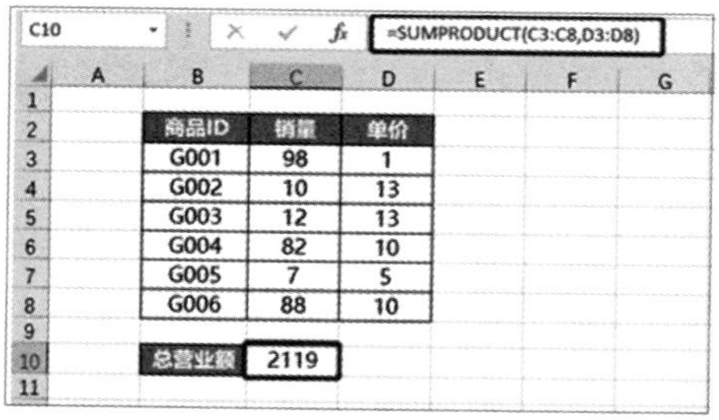

C10　=SUMPRODUCT(C3:C8,D3:D8)

商品ID	销量	单价
G001	98	1
G002	10	13
G003	12	13
G004	82	10
G005	7	5
G006	88	10
总营业额	2119	

图 9-42

Python 实现

首先，新建一个 DataFrame，具体代码如下。

```
df = pd.DataFrame({'商品 ID':['G001','G002','G003', 'G004','G005','G006']
                 ,'销量':[98,10,12,82,7,88]
                 ,'单价':[1,13,13,10,5,10]})
df
```

运行上面代码会得到如表 9-49 所示结果。

表 9-49

	商品 ID	销　量	单　价
0	G001	98	1
1	G002	10	13
2	G003	12	13
3	G004	82	10
4	G005	7	5
5	G006	88	10

然后，对其进行相乘再求和的运算，具体实现代码如下。

```
df['销售额'] = df['销量'] * df['单价']
df['销售额'].sum()
```

运行上面代码得到结果 2119，与 Excel 中直接用 SUMPRODUCT()函数得到的结果是一样的。在 Python 中没有像 Excel 中那样直接的函数，我们需要先对销量和单价两列进行相乘运算，生成“销售额”列，然后对“销售额”列进行求和运算。

2. SUMIF()函数：对满足条件的值进行求和

现在有一张销量记录表，记录了每个区域每月的销量情况，我们想要计算这张表中每个区域的销量情况，应该如何实现呢？

Excel 实现

在 Excel 中实现上述需求，需要用到 SUMIF()函数，SUMIF()函数的形式如下。

```
= SUMIF(range,criteria,sum_range)
```

SUMIF()函数用于对满足条件的区域进行求和。

- range 表示要判断是否满足条件的区域。
- criteria 表示具体的条件。
- sum_range 表示满足条件的求和区域。

下面获取每个区域的销量情况。如图 9-43 所示，在 C10 单元格中输入“=SUMIF($B$3:$B$8,B10,$D$3:$D$8)”，表示在$B$3:$B$8 区域中判断是否满足 B10 单元格的条件，即是否等于西区，对$D$3:$D$8 区域中满足西区这个条件的值进行求和。按下 Enter 键，得到西区的销量。对公式进行下拉填充，就可以得到东区的销量。

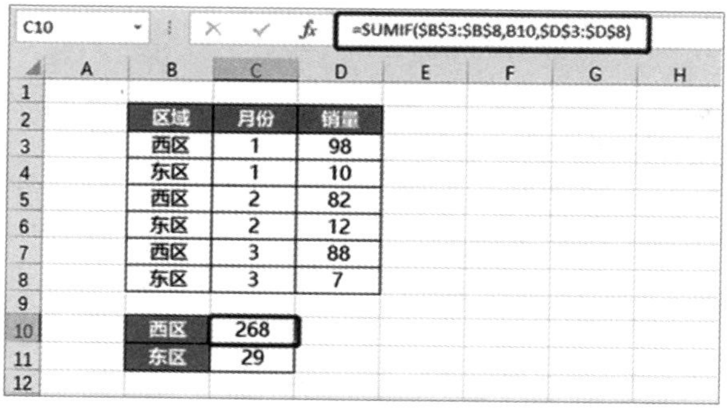

图 9-43

Python 实现

首先，新建一个 DataFrame，具体代码如下。

```
df = pd.DataFrame({'区域':['西区','东区','西区','东区','西区','东区']
                  ,'月份':[1,1,2,2,3,3]
                  ,'销量':[98,10,82,12,88,7]})
df
```

运行上面代码会得到如表 9-50 结果。

表 9-50

	区　域	月　份	销　量
0	西区	1	98
1	东区	1	10
2	西区	2	82
3	东区	2	12
4	西区	3	88
5	东区	3	7

然后，对其进行操作，具体代码如下。

```
print(df[df['区域'] == '西区']['销量'].sum())
print(df[df['区域'] == '东区']['销量'].sum())
```

运行上面代码得到结果 268、29，分别为西区、东区的总销量。上面这种代码的实现方式比较简单，求西区的总销量，就把西区所有的记录提取出来，然后对销量进行求和，东区也是同理。

在区域数比较少的时候，可以用上面这种方式实现，但如果区域数变多了，这种实现方式就会显得很烦琐，这时可以使用更简洁的办法，分组求和，具体代码如下。

```
df.groupby('区域')['销量'].sum()
```

运行上面代码会同时得到西区和东区的销量情况，不管有多少个区域，一行代码就可以搞定。

3、SUMIFS()函数：对满足多个条件的值进行求和

前面我们获取了每个区域的销量情况，现在要获取每个区域 1、2 月的整体销量情况，该怎么实现呢？

Excel 实现

SUMIF()函数是对满足单个条件的值进行求和，而 SUMIFS()函数是对同时满足多个条件的值进行求和。SUMIFS()函数的形式如下。

```
= SUMIFS(sum_range,criteria_range1,criteria1,criteria_range2, criteria2...)
```

- sum_range 表示求和的区域。
- criteria_range1 表示第一个要判断条件的区域。
- criteria1 表示第一个要满足的条件。
- criteria_range2 表示第二个要判断条件的区域。
- criteria2 表示第二个要满足的条件。

下面获取每个区域 1、2 月的整体销量情况。如图 9-44 所示，在 C10 单元格中输入"=SUMIFS($D$3:$D$8,$B$3:$B$8,B10,$C$3:$C$8,"<3")"，$D$3:$D$8 为求和区域，$B$3:$B$8 为判断是否满足区域条件，$C$3:$C$8 为判断是否满足月份条件。按下 Enter 键，即可得到西区 1、2 月的销量情况。下拉填充即可得到东区 1、2 月的销量情况。

C10　=SUMIFS($D$3:$D$8,$B$3:$B$8,B10,$C$3:$C$8,"<3")

区域	月份	销量
西区	1	98
东区	1	10
西区	2	82
东区	2	12
西区	3	88
东区	3	7

西区	180
东区	22

图 9-44

Python 实现

还是使用前面创建好的 DataFrame 数据集。获取每个区域 1、2 月销量情况的代码如下。

```
print(df[(df['区域'] == '西区') & (df['月份'] < 3)]['销量'].sum())
print(df[(df['区域'] == '东区') & (df['月份'] < 3)]['销量'].sum())
```

运行上面代码得到结果 180、22，可以看到与 Excel 中的结果完全一样。实现思路还是先将同时满足区域和月份条件的记录筛选出来，然后对销量进行求和。

除了用上面这种方法，我们还可以继续使用分组求和，但是需要先生成一个字段——“是否小于 3 月”，有了这个字段以后，再同时按照区域和字段进行分组求和，具体实现代码如下。

```
df['是否小于 3 月'] = df['月份'].apply(lambda x:'小于 3 月' if x < 3 else '不小于 3 月')
df.groupby(['区域','是否小于 3 月'])['销量'].sum()
```

运行上面代码就会得到每个区域小于 3 月及不小于 3 月的销量情况。

9.6.2 格式调整函数

1. ROUND()函数：对值进行四舍五入

根据特定的需求对数据进行四舍五入运算也是比较常见的一种操作。

Excel 实现

在 Excel 中要实现对数据的四舍五入，使用的是 ROUND()函数，ROUND()函数的形式如下。

```
= ROUND(number,num_digits)
```

- number 表示待四舍五入的数。
- num_digits 表示四舍五入后需要保留的小数位数。

如图 9-45 所示，在 C3 单元格中输入“=ROUND(B3,2)”，按下 Enter 键，然后鼠标双击 C3 单元格右下角的十字进行公式的下拉填充，这样所有的值就都执行了四舍五入运算。

C3 =ROUND(B3,2)

	A	B	C	D	E
1					
2		原始值	四舍五入后		
3		1.4615	1.46		
4		0.9755	0.98		
5		2.1135	2.11		
6		4.276	4.28		
7		2.2485	2.25		
8		2.879	2.88		
9					

图 9-45

Python 实现

首先，新建一个 DataFrame，具体代码如下。

```
df = pd.DataFrame({'原始值':[1.4615,0.9755,2.1135,4.276, 2.2485,2.879]})
df
```

运行上面代码会得到如表 9-51 所示结果。

表 9-51

	原 始 值
0	1.4615
1	0.9755
2	2.1135
3	4.2760
4	2.2485
5	2.8790

然后，对其进行四舍五入操作，具体实现代码如下。

```
df['四舍五入后'] = df['原始值'].apply(lambda x:round(x,2))
df
```

运行上面代码得到如表 9-52 所示结果。

表 9-52

	原 始 值	四舍五入后
0	1.4615	1.46
1	0.9755	0.98
2	2.1135	2.11
3	4.2760	4.28
4	2.2485	2.25
5	2.8790	2.88

可以看到，结果与 Excel 中的结果完全一致。在 Python 中对数据进行四舍五入使用的也是 round()函数，round()函数中逗号前面表示要被四舍五入的数，逗号后面表示四舍五入后要保留的小数点位数。

2. INT()函数：获取最小正整数

获取最小正整数是指将一个浮点数向下取整，比如 1.5 向下取整就是 1，2.1 向下取整就是 2。

Excel 实现

在 Excel 中实现上述需求，需要用到 INT()函数，INT()函数的形式如下。

```
= INT(number)
```

- number 表示待向下取整的浮点数。

如图 9-46 所示，在 C3 单元格中输入“=INT(B3)”，按下 Enter 键，然后鼠标双击 C3 单元格右下角的十字进行公式的下拉填充，这样就可以获取到所有的值向下取整后的结果。

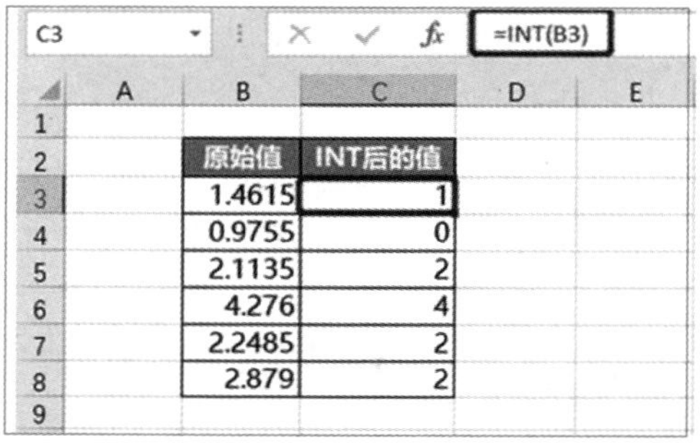

C3 =INT(B3)

	A	B	C	D	E
1					
2		原始值	INT后的值		
3		1.4615	1		
4		0.9755	0		
5		2.1135	2		
6		4.276	4		
7		2.2485	2		
8		2.879	2		
9					

图 9-46

Python 实现

还是使用前面的四舍五入数据集，对其进行向下取整的操作，具体代码如下。

```
df['INT 后的值'] = df['原始值'].apply(lambda x:int(x))
df
```

运行上面代码会得到如表 9-53 结果。

表 9-53

	原始值	INT 后的值
0	1.4615	1
1	0.9755	0
2	2.1135	2
3	4.2760	4
4	2.2485	2
5	2.8790	2

可以看到，与 Excel 中的结果完全一样。在 Python 中对浮点数向下取整也是使用 int()函数。

3. CEILING()函数：获取最大正整数

获取最大正整数与向下取整是相对应的一个操作，即向上取整。比如 1.5 向上取整就是 2，2.1 向上取整就是 3。

Excel 实现

在 Excel 中实现向上取整，需要用到 CEILING()函数，CEILING()函数的形式如下。

```
= CEILING(number,significance)
```

- number 表示待取整的数。
- significance 表示向上取整后的结果是该数的倍数。比如 significance 等于 1 时，表示向上取整的结果需要是 1 的倍数；significance 等于 2 时，表示向上取整的结果需要是 2 的倍数。

如图 9-47 所示，在 C3 单元格中输入“=CEILING(B3,1)”，按下 Enter 键，然后鼠标双击 C3 单元格右下角的十字进行公式的下拉填充，这样就可以获取到所有值向上取整后的结果。

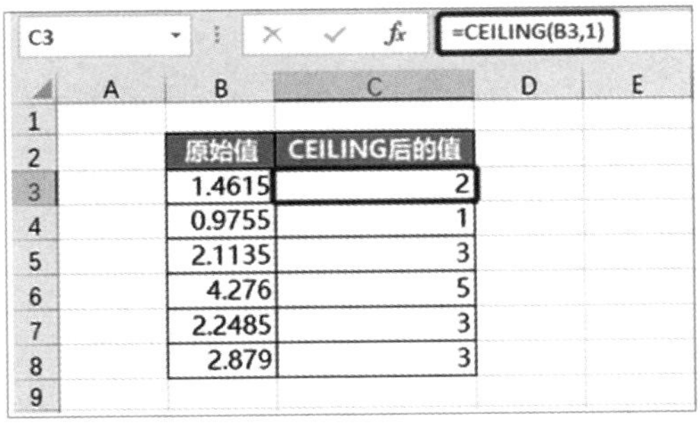

C3　=CEILING(B3,1)

原始值	CEILING后的值
1.4615	2
0.9755	1
2.1135	3
4.276	5
2.2485	3
2.879	3

图 9-47

Python 实现

还是使用前面的四舍五入数据集，对其进行向上取整的操作，具体代码如下。

```
import numpy as np
df['CEILING 后的值'] = df['原始值'].apply(lambda x:np.ceil(x))
df
```

运行上面代码会得到如表 9-54 所示结果。

表 9-54

	原始值	CEILING 后的值
0	1.4615	2.0

续表

	原始值	CEILING 后的值
1	0.9755	1.0
2	2.1135	3.0
3	4.2760	5.0
4	2.2485	3.0
5	2.8790	3.0

可以看到，与 Excel 中的结果完全一样。在 Python 中对浮点数向上取整使用的是 ceil()函数。

4. MOD()函数：对值进行取余

现在有一笔预算 500 元，用这笔钱去购买不同价格的商品，需要计算购买不同价格的商品最后分别能剩下多少钱。

Excel 实现

要实现上述需求，在 Excel 需要用到 MOD()函数，MOD()函数的形式如下。

```
= MOD(number,divisor)
```

- number 为除数，divisor 为被除数，最后返回两者相除后的余数。

如图 9-48 所示，在 E3 单元格中输入“=MOD(C3,D3)”，按下 Enter 键，然后鼠标双击 E3 单元格右下角的十字进行公式的下拉填充，这样每个品类的余额就被计算出来了。

E3 =MOD(C3,D3)

	A	B	C	D	E	F
1						
2		品类	总预算	单价	余额	
3		A	500	35	10	
4		B	500	18	14	
5		C	500	61	12	
6						

图 9-48

Python 实现

首先，新建一个 DataFrame，具体代码如下。

```
df = pd.DataFrame({'品类':['A','B','C']
                  ,'总预算':[500,500,500]
                  ,'单价':[35,18,61]})
df
```

运行上面代码会得到如表 9-55 所示结果。

表 9-55

	品　类	总预算	单　价
0	A	500	35
1	B	500	18
2	C	500	61

然后，对其进行取余操作，具体实现代码如下。

```
df['余额'] = df['总预算'].mod(df['单价'])
df
```

运行上面代码会得到如表 9-56 所示结果。

表 9-56

	品　类	总预算	单　价	余　额
0	A	500	35	10
1	B	500	18	14
2	C	500	61	12

可以看到，结果与 Excel 中得到的完全一致。在 Python 中取余也是使用 mod()函数，mod 前面的是除数，mod 后面的括号中为被除数。

5. ABS()函数：获取绝对值

数据是有正负之分的，而有时我们只关注数据的绝对值，而不关注正负，这时就需要获取数据的绝对值。

Excel 实现

在 Excel 中实现上述需求，需要用到 ABS()函数，ABS()函数的形式如下。

```
= ABS(number)
```

- number 表示待获取绝对值的数据。

如图 9-49 所示，在 C3 单元格中输入“=ABS(B3)”，按下 Enter 键，然后鼠标双击 C3 单元格右下角的十字进行公式的下拉填充，这样每个数值的绝对值就被获取到了。

	A	B	C	D	E
1					
2		原始值	绝对值		
3		-1	1		
4		2	2		
5		3	3		
6		-2	2		
7		5	5		
8		-3	3		
9					

C3 =ABS(B3)

图 9-49

Python 实现

首先，新建一个 DataFrame，具体代码如下。

```
df = pd.DataFrame({'原始值':[-1,2,3,-2,5,-3]})
df
```

运行上面代码会得到如表 9-57 所示结果。

表 9-57

	原始值
0	-1
1	2
2	3
3	-2
4	5
5	-3

然后，对其进行取绝对值操作，具体实现代码如下。

```
df['绝对值'] = df['原始值'].abs()
df
```

运行上面代码会得到如表 9-58 所示结果。

表 9-58

	原始值	绝对值
0	-1	1
1	2	2
2	3	3
3	-2	2

续表

	原始值	绝对值
4	5	5
5	-3	3

可以看到，结果与 Excel 中得到的完全一致。在 Python 中取绝对值也是使用 abs()函数。

9.6.3 指数与对数函数

1. POWER()函数：获取幂函数

我们经常需要获取某一个底数对应的指数的幂次方。

Excel 函数

在 Excel 中实现上述需求，使用的是 POWER()函数，POWER()函数的形式如下。

```
= POWER(number,power)
```

- number 表示底数。
- power 表示指数。
- 最后返回以 number 为底、power 为指数的幂函数结果。

如图 9-50 所示，我们在 D3 单元格中输入“=POWER(B3,C3)”，按下 Enter 键，然后鼠标双击 D3 单元格右下角的十字进行公式的下拉填充，这样每个底数对应的指数的次幂结果就得到了。

D3　=POWER(B3,C3)

底数	指数	结果
2	4	16
3	2	9
3	4	81
8	3	512
5	3	125
11	4	14641

图 9-50

Python 实现

首先，新建一个 DataFrame，具体代码如下。

```
df =pd.DataFrame({'底数':[2,3,3,8,5,11]
                 ,'指数':[4,2,4,3,3,4]})
df
```

运行上面代码会得到如表 9-59 所示结果。

表 9-59

	底 数	指 数
0	2	4
1	3	2
2	3	4
3	8	3
4	5	3
5	11	4

然后，对其进行求幂函数的操作，具体实现代码如下。

```
df['结果'] = df['底数'].pow(df['指数'])
df
```

运行上面代码会得到如表 9-60 所示结果。

表 9-60

	底 数	指 数	结 果
0	2	4	16
1	3	2	9
2	3	4	81
3	8	3	512
4	5	3	125
5	11	4	14641

可以看到，与 Excel 中的结果完全相同。在 Python 中要获取幂函数使用的是 pow()函数，在 pow 前面的是底数，pow 后面的括号中用来指明指数。

2. EXP()函数：获取以 e 为底的指数函数

前面我们学习了如何获取任意底数对应的任意指数的实现方式，有一个比较特殊的底数就是 e，我们需要获取以 e 为底的任意指数。

Excel 实现

在 Excel 中实现上述需求，需要用到 EXP()函数，EXP()函数的形式如下。

```
= EXP(number)
```

- number 表示以 e 为底的指数。

- 最后会返回以 e 为底、number 为指数的结果。

如图 9-51 所示，我们在 C3 单元格中输入“=EXP(B3)”，按下 Enter 键，然后鼠标双击 C3 单元格右下角的十字进行公式的下拉填充，这样以 e 为底对应的不同指数的次幂结果就得到了。

C3 =EXP(B3)

指数	结果
1	2.71828183
2	7.3890561
3	20.0855369
4	54.59815
5	148.413159
6	403.428793

图 9-51

Python 实现

在 Python 中，还是先新建一个 DataFrame，实现代码如下。

```
df = pd.DataFrame({'指数':[1,2,3,4,5,6]})
df
```

然后，对其进行取指数的操作，具体实现代码如下。

```
df['结果'] = df['指数'].apply(lambda x:np.exp(x))
df
```

运行上面代码会得到如表 9-61 所示结果。

表 9-61

	指　数	结　果
0	1	2.718282
1	2	7.389056
2	3	20.085537
3	4	54.598150
4	5	148.413159
5	6	403.428793

可以看到，与 Excel 中的结果不是完全一样，主要原因是因为四舍五入位数的原因，如果忽略四舍五入的原因，那么结果基本是一样的。在 Python 中取以 e 为底的指数时，用的也是 exp()函数。

3. LOG()函数：获取对数函数

一般与指数函数成对出现的就是对数函数。常见的对数函数主要有以 10 为底和以 e 为底两种。

Excel 实现

在 Excel 中获取以 10 为底的对数时，需要用到 LOG10()函数，LOG10()函数的形式如下。

```
= LOG10(number)
```

- number 表示真数。
- 返回以 10 为底、number 为真数的对数结果。

在 Excel 中要获取以 e 为底的对数时，需要用到 LN()函数，LN()函数的形式如下。

```
= LN(number)
```

- number 表示真数。
- 返回以 e 为底 number 为真数的对数结果。

如图 9-52 所示，在 C3 单元格中输入“=LOG10(B3)”，按下 Enter 键，然后鼠标双击 C3 单元格右下角的十字进行公式的下拉填充，这样以 10 为底对应的不同真数的对数结果就得到了。在 D3 单元格中输入“=LN(B3)”，按下 Enter 键，然后鼠标双击 D3 单元格右下角的十字进行公式的下拉填充，这样以 e 为底对应的不同真数的对数结果就得到了。

C3 =LOG10(B3)

真数	10为底的结果	e为底的结果
1	0	0
2	0.301029996	0.6931472
3	0.477121255	1.0986123
4	0.602059991	1.3862944
5	0.698970004	1.6094379
6	0.77815125	1.7917595

图 9-52

Python 实现

在 Python 中获取以 10 为底的对数和以 e 为底的对数，具体实现代码如下。

```
df = pd.DataFrame({'真数':[1,2,3,4,5,6]})
df['10 为底的结果'] = np.log10(df['真数'])
df['e 为底的结果'] = np.log(df['真数'])
df
```

运行上面代码会得到如表 9-62 所示结果。

表 9-62

	真　　数	以 10 为底的结果	以 e 为底的结果
1	2	0.301030	0.693147
2	3	0.477121	1.098612
0	1	0.000000	0.000000
3	4	0.602060	1.386294
4	5	0.698970	1.609438
5	6	0.778151	1.791759

可以看到，结果与 Excel 中的结果是一样的。在 Python 中 log()默认求取的是以 e 为底的对数，log10()求取的是以 10 为底的对数。

9.7 统计函数

9.7.1 均值相关

均值就是一组数据的平均值，经常会用均值来代表一组数据的整体水平。

1. AVERAGE()函数：获取均值

直接对给定的所有数据求均值是一种最简单的均值计算。

Excel 实现

在 Excel 中实现上述需求，需要用到 AVERAGE()函数，AVERAGE()函数的形式如下。

```
= AVERAGE(number1,number2,...)
```

- number1、number2 等分别表示待求均值的数据。

下面对所有员工的奖金求均值，反映平均的奖金水平。如图 9-53 所示，在 C12 单元格中输入“=AVERAGE(E3:E10)”，按下 Enter 键，就可以得到所有员工奖金的平均值。

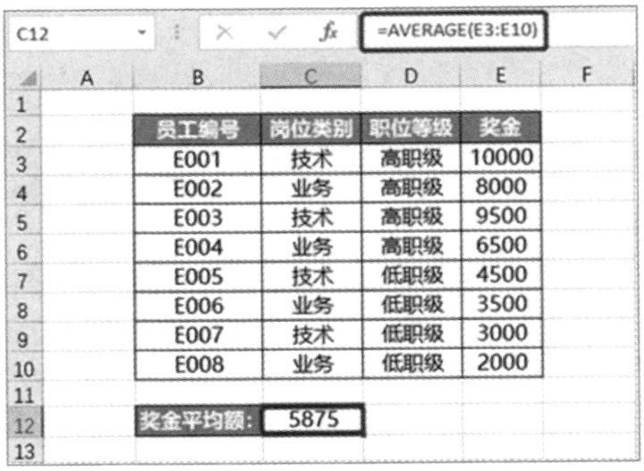

C12 =AVERAGE(E3:E10)

员工编号	岗位类别	职位等级	奖金
E001	技术	高职级	10000
E002	业务	高职级	8000
E003	技术	高职级	9500
E004	业务	高职级	6500
E005	技术	低职级	4500
E006	业务	低职级	3500
E007	技术	低职级	3000
E008	业务	低职级	2000

奖金平均额：5875

图 9-53

Python 实现

在 Python 中，我们先新建一个 DataFrame，具体代码如下。

```
df = pd.DataFrame({'员工编号':['E001','E002','E003','E004', 'E005','
E006','E007','E008',]
                 ,'岗位类别':['技术','业务','技术','业务','技术','业务','技术','业
务']
                 ,'职位等级':['高职级','高职级','高职级','高职级','低职级','低职级
','低职级','低职级']
                 ,'奖金':[10000,8000,9500,6500,4500,3500,3000, 2000]})
df
```

然后，对奖金进行求均值操作，具体代码如下。

```
df['奖金'].mean()
```

运行上面代码会得到结果 5875，和 Excel 中的结果是完全一样的。在 Python 中求均值使用的是 mean()函数。

2. AVERAGEIF()函数：获取满足条件的均值

上面是直接对所有员工的奖金进行求均值，但根据实际经验，不同岗位或者不同职位等级的奖金水平会略有差别，这时就需要根据不同的岗位或者不同职位等级分别求均值。

Excel 实现

在 Excel 中实现上述需求，需要用到 AVERAGEIF()函数，AVERAGEIF()函数的形式如下。

```
= AVERAGEIF(range,criteria,average_range)
```

- range 表示要进行条件判断的区域。

- criteria 表示具体要满足的条件。
- average_range 表示对满足条件的数据求均值的区域。

下面求取不同岗位类别的平均奖金水平。如图 9-54 所示，在 C13 单元格中输入 "=AVERAGEIF(C3:C10,B13,E3:E10)"，按下 Enter 键，即可得到技术类的平均奖金水平。将 C13 单元格的公式下拉填充到 C14，就可以得到业务类的平均奖金水平。

Python 实现

使用前面的数据集，可以直接对其求取不同岗位类别的平均奖金水平，具体实现代码如下。

```
df.groupby('岗位类别')['奖金'].mean()
```

运行上面代码，会得到不同岗位类别的平均奖金水平，与 Excel 中得到的结果是完全一样的。在 Python 中要获取不同条件下的均值时，可以通过 groupby()函数实现，先对所有数据根据指定条件进行分组，然后在不同组内求均值。

C13　=AVERAGEIF(C3:C10,B13,E3:E10)

员工编号	岗位类别	职位等级	奖金
E001	技术	高职级	10000
E002	业务	高职级	8000
E003	技术	高职级	9500
E004	业务	高职级	6500
E005	技术	低职级	4500
E006	业务	低职级	3500
E007	技术	低职级	3000
E008	业务	低职级	2000

岗位类别	平均奖金
技术	6750
业务	5000

图 9-54

3. AVERAGEIFS()函数：获取满足条件的均值

上面只是对岗位类别这一个条件进行判断，如果我们想要同时对岗位类别和职位等级这两个条件进行判断，该怎么实现呢？

Excel 实现

在 Excel 中实现上述需求，需要用到 AVERAGEIFS()函数，AVERAGEIFS()函数的形式如下。

```
= AVERAGEIFS(average_range,criteria_range1,criteria1,
criteria_range1,criteria1)
```

- average_range 表示要对满足条件的值求均值的区域。
- criteria_range1 表示第一个要判断是否满足条件的区域。
- criteria1 表示第一个需要满足的条件。
- criteria_range2 表示第二个要判断是否满足条件的区域。
- criteria2 表示第二个需要满足的条件。

下面对不同岗位类别不同职位等级求均值。如图 9-55 所示，在 D13 单元格中输入“=AVERAGEIFS($E$3:$E$10,$C$3:$C$10,B13,$D$3:$D$10,C13)”，按下 Enter 键，就可以得到技术岗位高职级的平均奖金，下拉 D13 单元格的公式进行填充，就可以得到其他不同岗位类别和不同职位等级对应的平均奖金。

D13 =AVERAGEIFS($E$3:$E$10,$C$3:$C$10,B13,$D$3:$D$10,C13)

员工编号	岗位类别	职位等级	奖金
E001	技术	高职级	10000
E002	业务	高职级	8000
E003	技术	高职级	9500
E004	业务	高职级	6500
E005	技术	低职级	4500
E006	业务	低职级	3500
E007	技术	低职级	3000
E008	业务	低职级	2000

岗位类别	职位等级	平均奖金
技术	高职级	9750
技术	低职级	3750
业务	高职级	7250
业务	低职级	2750

图 9-55

Python 实现

在 Python 中实现上述需求，具体实现代码如下。

```
df.groupby(['岗位类别','职位等级'])['奖金'].mean()
```

运行上面代码会得到不同岗位类别与职位等级组合下的平均奖金，与 Excel 中的结果是完全一样的。在 Python 中要同时对不同的组合求均值时，只需要同时按照多个条件分组（groupby），再对分组以后的结果进行求均值操作即可。

9.7.2 计数相关

1. COUNTA()函数：计数

我们经常对某一项信息进行计数，比如有多少员工、有多少条数据这样的场景。

Excel 实现

在 Excel 中实现上述的需求，需要用到 COUNTA()函数，COUNTA()函数的形式如下。

```
= COUNTA(value1,value2,...)
```

- value1、value2 表示待被计数的值。

下面统计总共有多少员工。如图 9-56 所示，在 C12 单元格中输入“=COUNTA(B3:B10)”，按下 Enter 键，即可得到总共有多少员工。

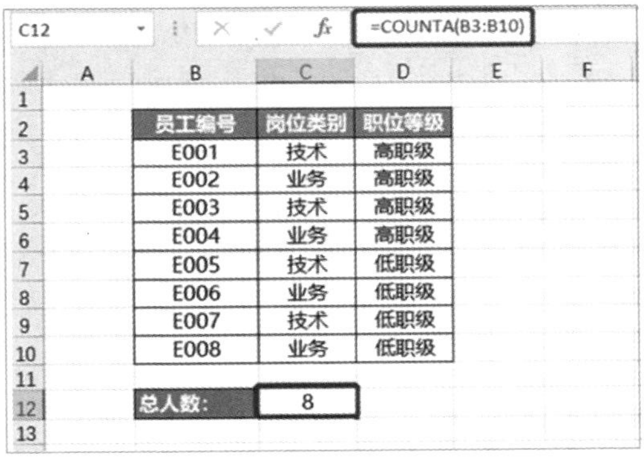

C12　=COUNTA(B3:B10)

员工编号	岗位类别	职位等级
E001	技术	高职级
E002	业务	高职级
E003	技术	高职级
E004	业务	高职级
E005	技术	低职级
E006	业务	低职级
E007	技术	低职级
E008	业务	低职级
总人数:	8	

图 9-56

Python 实现

在 Python 中实现上述需求，具体代码如下。

```
df['员工编号'].count()
```

运行上面代码会得到结果 8，与 Excel 中的结果是完全一样的。在 Python 中进行计数时使用的是 count()函数。

2. COUNTIF()函数：对满足条件的对象计数

除了对全部的目标对象进行计数，我们还需要对满足指定条件的对象进行计数。

Excel 实现

在 Excel 中实现上述需求，需要用到 COUNTIF()函数，COUNTIF()函数的形式如下。

```
= COUNTIF(range,criteria)
```

- range 表示待被判断条件的区域。
- criteria 表示需要满足的具体条件。

下面获取不同岗位类别的员工数。如图 9-57 所示，在 C13 单元格中输入“=COUNTIF(C3:C10,B13)”，按下 Enter 键，然后下拉填充公式，即可得到不同岗位类别的员工数。

C13 =COUNTIF(C3:C10,B13)

员工编号	岗位类别	职位等级
E001	技术	高职级
E002	业务	高职级
E003	技术	高职级
E004	业务	高职级
E005	技术	低职级
E006	业务	低职级
E007	技术	低职级
E008	业务	低职级

岗位类别	员工数
技术	4
业务	4

图 9-57

Python 实现

在 Python 中实现上述需求，具体实现代码如下。

```
df.groupby('岗位类别')['员工编号'].count()
```

运行上面代码会得到不同岗位类别的员工数，与 Excel 中的结果是完全一样的。在 Python 中对不同类别分别计数时，同样是先对所有数据根据指定类别分组，然后在不同组内计数。

3. COUNTIFS()函数：对满足多个条件的对象计数

上面是对满足单个条件的内容计数，我们有时还需要对同时满足不同条件的内容计数。

Excel 实现

在 Excel 中实现上述需求，需要用到 COUNTIFS()函数，COUNTIFS()函数的形式如下。

```
= COUNTIFS(criteria_range1,criteria1,criteria_range2,criteria2)
```

- criteria_range1 表示待被判断第一个条件的区域。
- criteria1 表示需要满足的第一个条件。
- criteria_range2 表示待被判断第二个条件的区域。
- criteria2 表示需要满足的第二个条件。

下面获取不同岗位类别及不同职位等级的员工数。如图 9-58 所示，在 C13 单元格中输入“=COUNTIFS($C$3:$C$10,B13,$D$3:$D$10,C13)”，按下 Enter 键，然后下拉填充公式，即可得到不同岗位类别、不同职位等级对应的员工数。

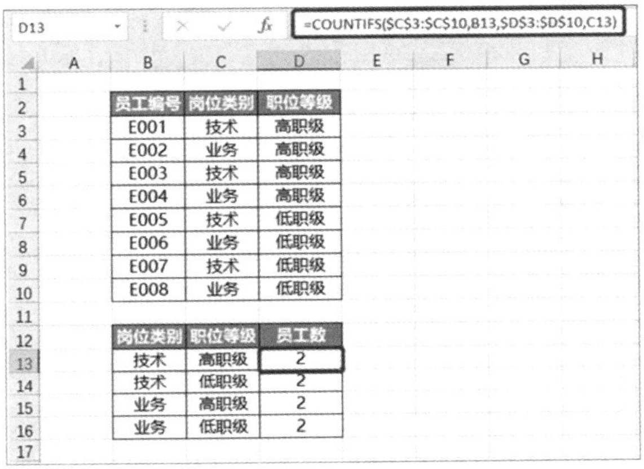

D13　=COUNTIFS($C$3:$C$10,B13,$D$3:$D$10,C13)

员工编号	岗位类别	职位等级
E001	技术	高职级
E002	业务	高职级
E003	技术	高职级
E004	业务	高职级
E005	技术	低职级
E006	业务	低职级
E007	技术	低职级
E008	业务	低职级

岗位类别	职位等级	员工数
技术	高职级	2
技术	低职级	2
业务	高职级	2
业务	低职级	2

图 9-58

Python 实现

在 Python 中，同时对不同条件的不同类别分别计数时，同样是先对所有数据根据指定条件的指定类别进行分组，然后在不同组内进行计数。具体实现代码如下。

```
df.groupby(['岗位类别','职位等级'])['员工编号'].count()
```

运行上面代码，会得到不同岗位类别、不同职位等级的员工数，与 Excel 中的结果完全一致。

9.7.3 最值函数

1. MAX()函数：获取最大值

最大值就是一组数据中最大的那个值。最大值的获取也是我们经常会用到的一个操作。

Excel 实现

在 Excel 中，获取一组数据的最大值，需要用到 MAX()函数，MAX()函数的形式如下。

```
= MAX(number1,number2,...)
```

- number1、number2 表示一组数据中的不同值，我们要从这些值中获取最大的一个。

下面获取最高奖金值。如图 9-59 所示，在 C12 单元格中输入“=MAX(C3:C10)”，按下 Enter 键，即可得到最高奖金值。

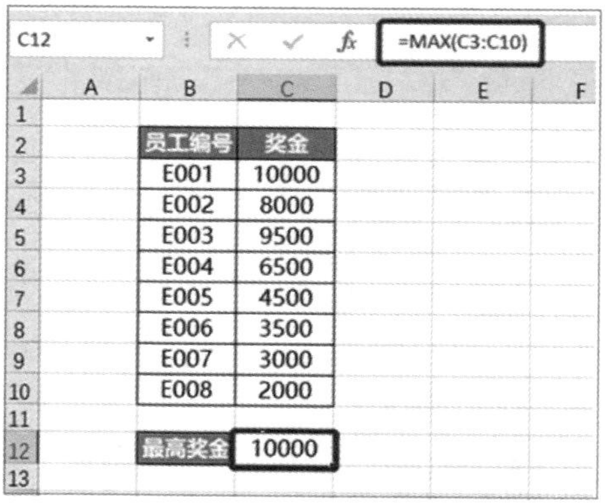

C12　=MAX(C3:C10)

	A	B	C	D	E	F
1						
2		员工编号	奖金			
3		E001	10000			
4		E002	8000			
5		E003	9500			
6		E004	6500			
7		E005	4500			
8		E006	3500			
9		E007	3000			
10		E008	2000			
11						
12		最高奖金	10000			
13						

图 9-59

Python 实现

在 Python 中实现上述需求，具体实现代码如下。

```
df = pd.DataFrame({'奖金':[10000,8000,9500,6500,4500,3500,3000, 2000]})
df.max()
```

运行上面代码会得到结果 10000，与 Excel 中的结果是完全一致的。在 Python 中要获取一组数据的最大值时用的也是 max()函数。

2. MIN()函数：获取最小值

获取最小值是与获取最大值相对应的一个操作。实现方式只需要把获取最大值的 MAX 改成 MIN 即可，如图 9-60 所示。

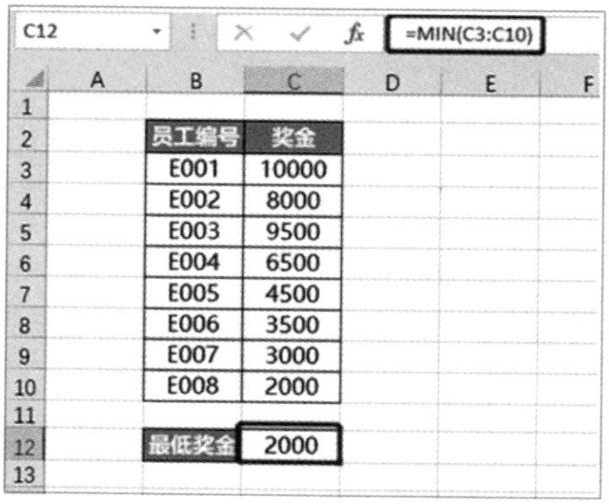

C12　=MIN(C3:C10)

	A	B	C	D	E	F
1						
2		员工编号	奖金			
3		E001	10000			
4		E002	8000			
5		E003	9500			
6		E004	6500			
7		E005	4500			
8		E006	3500			
9		E007	3000			
10		E008	2000			
11						
12		最低奖金	2000			
13						

图 9-60

3. LARGE()函数：获取第 *k* 大的值

最大值是排名第 1 的值，除了第 1 大的值，有时也会需要获取第 *k* 大的值，比如要获取第 3 大的值。

Excel 实现

在 Excel 中实现上述需求，需要用到 LARGE()函数，LARGE()函数的形式如下。

```
= LARGE(array,k)
```

- array 表示一组数据。
- k 表示要从 array 中获取第几大的值。

下面获取奖金排名第 3 的值。如图 9-61 所示，在 C12 单元格中输入“=LARGE(C3:C10,3)”，按下 Enter 键，即可得到奖金排名第 3 的值。

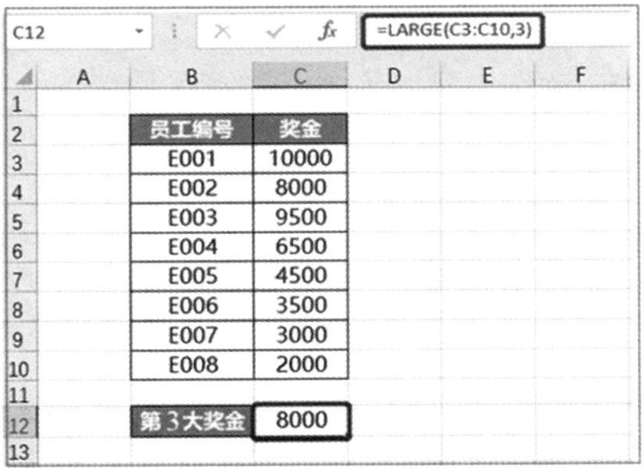

C12　=LARGE(C3:C10,3)

	A	B	C	D	E	F
1						
2		员工编号	奖金			
3		E001	10000			
4		E002	8000			
5		E003	9500			
6		E004	6500			
7		E005	4500			
8		E006	3500			
9		E007	3000			
10		E008	2000			
11						
12		第 3 大奖金	8000			
13						

图 9-61

Python 实现

在 Python 中实现上述需求，具体实现代码如下。

```
df['奖金'].sort_values(ascending = False).values[2]
```

运行上面代码会得到结果 8000，与 Excel 中的结果是完全一致的。Python 中没有现成的直接获取第几大值的函数，需要间接来获取。首先将所有的奖金通过 sort_values()函数降序排列，然后通过 values 属性获取排序以后的值，最后从中取出第 3 个值，前面说过，Python 中的计数是从 0 开始的，所以 2 就对应第 3 个位置。

4. SMALL()函数：获取第 *k* 小的值

获取第 *k* 小的值与第 *k* 大的值是相对应的。在 Excel 中将 LARGE()函数换成 SMALL()函数即可，如图 9-62 所示。在 Python 中将降序排列换成升序排列，即把

sort_values()函数中的 ascending 参数去掉，默认就是升序排列。

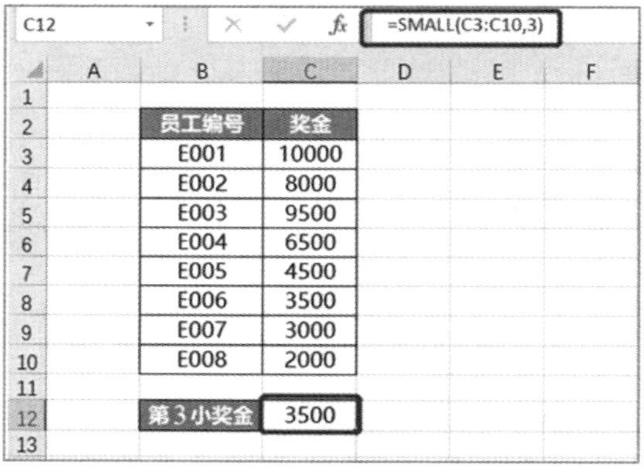

C12 =SMALL(C3:C10,3)

员工编号	奖金
E001	10000
E002	8000
E003	9500
E004	6500
E005	4500
E006	3500
E007	3000
E008	2000
第3小奖金	3500

图 9-62

9.7.4 排位相关函数

1. RANK()函数：获取排名

我们前面讲过数值排序的操作，排名和排序略有不同，排序是将原数值按照升序或降序的方式进行排列的，而排名不改变原数值的顺序，会生成一个新的排名列。

Excel 实现

在 Excel 中用于排名的函数有两个，RANK.EQ()和 RANK.AVG()。两个函数的区别在于对重复值的处理，如果没有重复值，那么两个函数得到的结果会完全一样。

先来看看 RANK.EQ()函数，该函数的形式如下。

```
= RANK.EQ(number,ref,order)
```

- number 表示待排名的数值。
- ref 表示一整列数值的范围。
- order 用来指明是按照升序还是降序进行排名。如果 order 值为 0 或者省略，则表示按照降序进行排名；如果 order 值为 1，则表示按照升序进行排名。

如图 9-63 所示，在 D3 单元格中输入“=RANK.EQ(C3,$C$3:$C$10,0)”，按下 Enter 键，然后鼠标双击 D3 单元格右下角的十字进行公式的下拉填充，这样就得到了不同员工的销量排名情况。

D3 =RANK.EQ(C3,$C$3:$C$10,0)

员工编号	销量	排名
E001	20	6
E002	49	1
E003	44	3
E004	49	1
E005	10	8
E006	35	4
E007	14	7
E008	22	5

图 9-63

可以看到对销量等于 49 的两位员工的排名是相等的，均为 1。

再来看看 RANK.AVG()函数，前面说过，该函数与 RANK.EQ()函数的唯一区别在于重复值的处理上，直接来看如图 9-64 所示例子。

D3 =RANK.AVG(C3,$C$3:$C$10,0)

员工编号	销量	排名
E001	20	6
E002	49	1.5
E003	44	3
E004	49	1.5
E005	10	8
E006	35	4
E007	14	7
E008	22	5

图 9-64

可以看到销量等于 49 的两位员工的排名依然是相等的，均为 1.5，那 1.5 是怎么算出来的？假设我们不允许任意两名员工的排名重复，就会有一个排名是 1，另一个排名是 2，均值是 1.5，所以两位员工的排名就都是 1.5 了。除了这两位相同排名的员工，其他员工的排名用两个函数得到的结果均是一致的。

Python 实现

在 Python 中对数值进行排名，需要用到 rank()函数。rank()函数主要有两个参数，一个是 ascending，相当于 Excel 中的 order。当 ascending 取 False 时，表示降序排名；当 ascending 取 True 时，表示升序排名。另一个是 method，用来指明当待排序值遇到重复值时该如何处理。表 9-63 是 method 参数不同的参数值及说明。

表 9-63

method 参数值	说　　明
average	与 Excel 中的 RANK.AVG()函数的功能一致
first	按照待排名值在一整列数据中出现的先后顺序排名
min	与 Excel 中的 RANK.EQ()函数的功能一致
max	与 min()的功能刚好相反

首先，新建一个 DataFrame，具体代码如下。

```
df = pd.DataFrame({'员工编号':['E001','E002','E003','E004','E005','E006','E007',
'E008',]
                  ,'销量':[20,49,44,49,10,35,14,22]})
df
```

运行上面代码会得到如表 9-64 所示结果。

表 9-64

	员工编号	销　　量
0	E001	20
1	E002	49
2	E003	44
3	E004	49
4	E005	10
5	E006	35
6	E007	14
7	E008	22

然后，实现 RANK.EQ()函数的功能，具体实现代码如下。

```
df['销量'].rank(ascending = False,method = 'min')
```

运行上面代码，会得到如表 9-65 所示结果，可以看到和 Excel 中 RANK.EQ()函数得到的结果完全一样。

表 9-65

0	6.0
1	1.0
2	3.0
3	1.0
4	8.0

续表

5	4.0
6	7.0
7	5.0

接下来，实现 RANK.AVG()函数的功能，具体实现代码如下。

```
df['销量'].rank(ascending = False,method = 'average')
```

运行上面代码，会得到如表 9-66 所示结果，可以看到和 Excel 中 RANK.AVG()函数得到的结果完全一样。

表 9-66

0	6.0
1	1.5
2	3.0
3	1.5
4	8.0
5	4.0
6	7.0
7	5.0

2. PERCENTRANK()函数：获取百分比排名

RANK()函数得到的是每个数值的绝对排名，是第 1 名还是第 2 名；PERCENTRANK()函数得到的是每个数值的百分比排名，相对排名，假设所有值的个数是 100，然后看在这 100 个值里面排多少。

Excel 实现

在 Excel 中用于获取百分比排名的函数同样也有两个，PERCENTRANK.EXC()和 PERCENTRANK.INC()。两个函数的区别在于结果是否包含 0 和 1，即 0%和 100%，前者是不包含的，后者是包含的。

先来看看 PERCENTRANK.EXC()函数，该函数的形式如下。

```
= PERCENTRANK.EXC(array,x)
```

- array 表示待比较的一整列值的范围。
- x 表示待排名的具体值。

如图 9-65 所示，在 D3 单元格中输入“=PERCENTRANK.EXC($C$3:$C$10,C3)”，按下 Enter 键，然后鼠标双击 D3 单元格右下角的十字进行公式的下拉填充，这样就得到了不同员工销量的百分比排名情况。

D3 =PERCENTRANK.EXC($C$3:$C$10,C3)

员工编号	销量	百分比排名
E001	20	0.333
E002	49	0.777
E003	44	0.666
E004	49	0.777
E005	10	0.111
E006	35	0.555
E007	14	0.222
E008	22	0.444

图 9-65

接下来，我们看一下绝对排名（RANK.EQ）和百分比排名之间的关系是什么样的，因为百分比排名默认为升序排名，所以在计算绝对排名时，也用升序排名的方式。前面讲过，百分比排名就是假设所有值的个数是 100，要想得到每个值的百分比排名就是用绝对排名除以值的个数。

如图 9-66 所示，在 F3 单元格中输入“=E3/ROWS($E$3:$E$10)”，按下 Enter 键，然后鼠标双击 F3 单元格右下角的十字进行公式的下拉填充，这样就得到了不同员工销量的百分比排名情况。

F3 =E3/ROWS($E$3:$E$10)

员工编号	销量	百分比排名	RANK排名	RANK排名/总个数	RANK排名/(总个数+1)
E001	20	0.333	3	0.375	0.333
E002	49	0.777	7	0.875	0.778
E003	44	0.666	6	0.750	0.667
E004	49	0.777	7	0.875	0.778
E005	10	0.111	1	0.125	0.111
E006	35	0.555	5	0.625	0.556
E007	14	0.222	2	0.250	0.222
E008	22	0.444	4	0.500	0.444

图 9-66

有没有发现，通过上述方式算出来的结果和直接利用函数算出来的结果不太一样，这是因为 PERCENTRANK.EXC()函数的结果不包含 0%和 100%，而默认最小的绝对排名也是 1，即百分比排名是大于 0%的，但最大的排名是会等于 100%的。为了避免出现 100%的情况，可以让总值的个数加 1，这样就不会出现 100%的情况了。

如图 9-67 所示，在 G3 单元格中输入“=E3/(ROWS($E$3:$E$10)+1)”，按下 Enter 键，然后鼠标双击 G3 单元格右下角的十字进行公式的下拉填充，这样就得到了不同员工销量正确的百分比排名情况。

G3　=E3/(ROWS($E$3:$E$10) + 1)

员工编号	销量	百分比排名	RANK排名	RANK排名/总个数	RANK排名/(总个数+1)
E001	20	0.333	3	0.375	0.333
E002	49	0.777	7	0.875	0.778
E003	44	0.666	6	0.750	0.667
E004	49	0.777	7	0.875	0.778
E005	10	0.111	1	0.125	0.111
E006	35	0.555	5	0.625	0.556
E007	14	0.222	2	0.250	0.222
E008	22	0.444	4	0.500	0.444

图 9-67

接下来，再看看 PERCENTRANK.INC()函数，该函数与 PERCENTRANK.EXC()的用法一致。如图9-68 所示，在D3 单元格输入“=PERCENTRANK.INC($C$3:$C$10,C3)”，按下 Enter 键，然后下拉填充得到每个销量对应的百分比排名；在 E3 单元格输入“=RANK.EQ(C3,$C$3:$C$10,1)”，按下 Enter 键，然后下拉填充得到每个销量对应的绝对排名；因为 PERCENTRANK.INC()函数得到的结果是包含 0%和 100%的，而最小的绝对排名也是大于 1 的，所以将绝对排名减 1。同时为了得到 100%的结果，将值的个数也减 1，在 F3 单元格输入“=(E3-1)/(ROWS($C$3:$C$10)-1)，按下 Enter 键，然后下拉填充，得到的结果与直接用 PERCENTRANK.INC()函数得到的结果是一样的。

F3　=(E3-1)/(ROWS($C$3:$C$10)-1)

员工编号	销量	百分比排名	RANK排名	(RANK排名-1)/(总个数-1)
E001	20	0.285	3	0.2857
E002	49	0.857	7	0.8571
E003	44	0.714	6	0.7143
E004	49	0.857	7	0.8571
E005	10	0	1	0.0000
E006	35	0.571	5	0.5714
E007	14	0.142	2	0.1429
E008	22	0.428	4	0.4286

图 9-68

Python 实现

Python 中没有现成的百分比排名函数，只能通过绝对排名进行换算，换算关系在“Excel 实现”部分已经介绍过，如下所示。

```
PERCENTRANK.EXC 百分比排名 = RANK 排名 / (总值的个数 + 1)
PERCENTRANK.INC 百分比排名 = (RANK 排名 - 1) / (总值的个数 + 1)
```

还是前面的 df 表，我们先在 df 表的基础上生成一列“RANK 排名”，具体代码如下。

```
df['RANK 排名'] = df['销量'].rank(ascending = True,method = 'min')
df
```

运行上面代码会得到如表 9-67 所示结果。

表 9-67

	员工编号	销　量	RANK 排名
0	E001	20	3.0
1	E002	49	7.0
2	E003	44	6.0
3	E004	49	7.0
4	E005	10	1.0
5	E006	35	5.0
6	E007	14	2.0
7	E008	22	4.0

接下来，通过“RANK 排名”列，进一步计算出“EXC 排名”和“INC 排名”，具体代码如下。

```
df['EXC 排名'] = df['RANK 排名'] / (df['销量'].count() + 1)
df['INC 排名'] = (df['RANK 排名'] - 1) / (df['销量'].count() - 1)
df
```

运行上面代码会得到如表 9-68 所示结果。

表 9-68

	员工编号	销　量	RANK 排名	INC 排名	EXC 排名
0	E001	20	3.0	0.285714	0.333333
1	E002	49	7.0	0.857143	0.777778
2	E003	44	6.0	0.714286	0.666667
3	E004	49	7.0	0.857143	0.777778
4	E005	10	1.0	0.000000	0.111111
5	E006	35	5.0	0.571429	0.555556
6	E007	14	2.0	0.142857	0.222222
7	E008	22	4.0	0.428571	0.444444

3. PERCENTILE()函数：获取指定分位数值

PERCENTILE()函数有点像 PERCENTRANK()函数的逆运算，前者是获取指定分位数对应的值，比如 50%分位的值是多少；后者是获取每个值对应的百分比排名。

Excel 实现

在 Excel 中获取指定分位数对应的值有两个函数，PERCENTILE.EXC()和 PERCENTILE.INC()。两个函数的区别在于分位数是否包含 0%和 100%，前者是不包含的，后者是包含的。

先来看看 PERCENTILE.EXC()函数，该函数的形式如下。

```
= PERCENTILE.EXC(array,k)
```

- array 表示待计算值的范围。
- k 表示具体的分位数，位于 0 到 1 之间，不包含 0 和 1。当 k 值是 0 或 1 时会返回#NUM!错误。

PERCENTILE.INC()函数与 PERCENTILE.EXC()函数的区别在于 k 值可以取 0 和 1，当 k 值取 0 时表示最小值，当 k 值取 1 时表示最大值。

图 9-69 所示为 k 取不同值时 PERCENTILE.INC()和 PERCENTILE.EXC()对应的结果值。

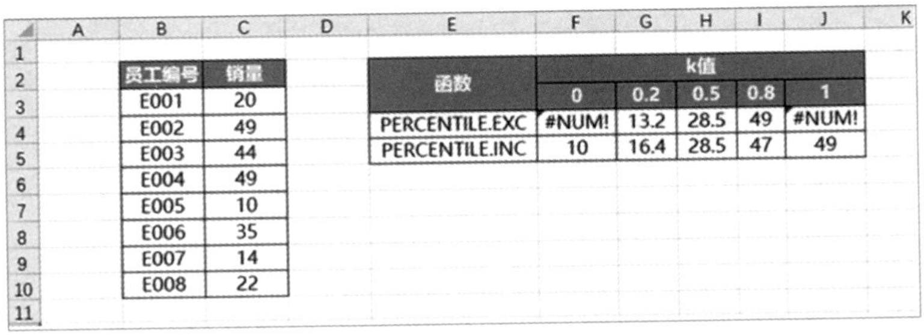

员工编号	销量
E001	20
E002	49
E003	44
E004	49
E005	10
E006	35
E007	14
E008	22

函数	k值				
	0	0.2	0.5	0.8	1
PERCENTILE.EXC	#NUM!	13.2	28.5	49	#NUM!
PERCENTILE.INC	10	16.4	28.5	47	49

图 9-69

Python 实现

在 Python 中获取指定分位数对应的值，需要用到 quantile()函数，比如我们要获取销量的 50%分位数，具体实现代码如下。

```
df['销量'].quantile(0.5)
```

运行上面代码会得到 28.5 的结果，可以看到和 Excel 中的两个函数的结果是一样的。

当我们想要同时获取多个分位数对应的值时，可以将多个分位数以列表的形式传给 quantile()函数，比如我们要同时获取 0、0.2、0.5、0.8、1 这几个分位数，具体实现代码如下。

```
df['销量'].quantile([0,0.2,0.5,0.8,1])
```

运行上面代码会得到如表 9-69 所示结果。

表 9-69

0.0	10.0
0.2	16.4
0.5	28.5
0.8	47.0
1.0	49.0

可以看到，quantile()函数得到的结果与 Excel 中 PERCENTILE.INC()函数得到的结果完全一致。

4. MEDIAN()函数：获取中位数

中位数就是特殊的百分位数，即 50%的分位数就是中位数。

Excel 实现

在 Excel 中除了可以使用分位数函数求取中位数，还可以直接使用 MEDIAN()函数，该函数的形式如下。

```
= MEDIAN(number1,number2,number3,...)
```

- number1、number2、number3 表示待求取中位数的值。

Python 实现

在 Python 中获取中位数，除了可以使用分位数的方式，还可以直接使用 median()函数，比如我们要获取销量的中位数，实现代码如下。

```
df['销量'].median()
```

运行上面代码会得到 28.5 的结果，可以看到和 50%分位数的结果是一样的。

9.7.5　统计相关函数

1. VAR()函数：获取方差

方差是用来表示数据的离散（波动）程度的，方差越大说明数据越离散。方差有两种，一种是总体方差，另一种是样本方差。两者的区别在于分母不同，总体方差的分母是 N（样本数），样本方差的分母是 N–1。

Excel 实现

在 Excel 中计算总体方差，需要用到 VAR.P()函数，该函数的形式如下。

```
= VAR.P(number1,number2,number3,...)
```

- number1、number2、number3 表示待求取方差的值。

在计算样本方差时，只需要把 VAR.P 改成 VAR.S 即可，函数形式保持不变。如图 9-70 所示，我们在 C12 单元格输入“=VAR.P(C3:C10)”，按下 Enter 键，得到总体方差值；在 C13 单元格输入“=VAR.S(C3:C10)”，按下 Enter 键，得到样本方差值。

	A	B	C	D
1				
2		员工编号	销量	
3		E001	20	
4		E002	49	
5		E003	44	
6		E004	49	
7		E005	10	
8		E006	35	
9		E007	14	
10		E008	22	
11				
12		总体方差	220.2344	
13		样本方差	251.6964	
14				

图 9-70

Python 实现

首先，新建一个 DataFrame，实现代码与前面章节中的一致，具体如下。

```
df = pd.DataFrame({'员工编号':['E001','E002','E003','E004','E005','E006','E007',
'E008',]
                    ,'销量':[20,49,44,49,10,35,14,22]})
df
```

然后，对其进行求方差操作。在 Python 中求方差使用的也是 var()函数，运行如下代码。

```
df['销量'].var()
```

得到结果 251.696，可以看到这与 Excel 中样本方差的结果是一致的。那如果我们想要在 Python 里面计算总体方差时，只需要增加一个参数值 ddof=0，并让其等于 0，具体代码如下。

```
df['销量'].var(ddof = 0)
```

运行上面代码会得到结果 220.234，可以看到与 Excel 中总体方差的结果是一致的。参数 ddf 用来指明计算方差时分母的取值，分母的取值为 N-ddf，ddf 的默认值为 1。

2. STDEV()函数：获取标准差

标准差是方差的平方根，只需要对方差开平方就可以得到标准差。当然，我们也可以直接求数据的标准差。

Excel 实现

在 Excel 中计算数据的标准差，只需要把上面计算方差时的 VAR()函数换成 STDEV()函数，如图 9-71 所示，我们在 C12 单元格中输入“=STDEV.P(C3:C10)”，按下 Enter 键，得到总体标准差值；在 C13 单元格中输入“=STDEV.S(C3:C10)”，按下 Enter 键，得到样本标准差值。

	A	B	C	D
1				
2		员工编号	销量	
3		E001	20	
4		E002	49	
5		E003	44	
6		E004	49	
7		E005	10	
8		E006	35	
9		E007	14	
10		E008	22	
11				
12		总体标准差	14.8403	
13		样本标准差	15.86494	
14				

图 9-71

Python 实现

在 Python 中计算数据的标准差，同样也是把计算方差的 var()换成 std()，运行如下代码，我们可以得到数据的样本标准差值和总体标准差。

```
print(df['销量'].std())
print(df['销量'].std(ddof = 0))
```

9.8 自定义公式

前面介绍的更多是 Excel 中自带的函数，有时自带的函数可能不能够满足需求，这时就需要自定义公式了。

比如，我们现在有 A、B、C 这 3 列的值，要生成第 4 列值，让其等于 A+B–C，该如何实现呢？

Excel 实现

在 Excel 中实现上述需求。如图 9-72 所示，直接在 D2 单元格中输入“=A2+B2-C2”，按下 Enter 键，然后鼠标双击 D2 单元格右下角的十字进行公式的下拉填充，这样就得到了每一行的结果。

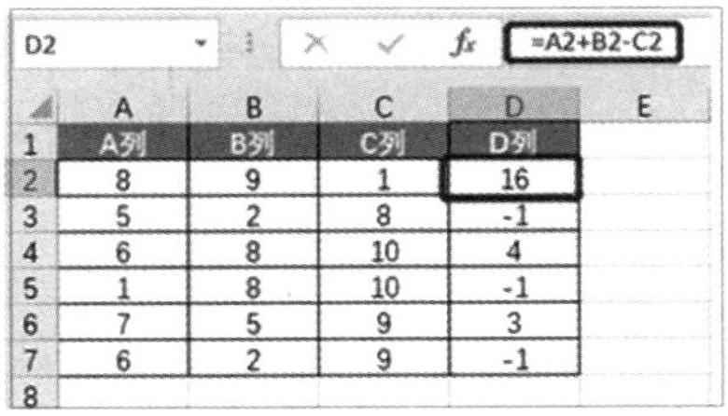

D2　=A2+B2-C2

	A	B	C	D	E
1	A列	B列	C列	D列	
2	8	9	1	16	
3	5	2	8	-1	
4	6	8	10	4	
5	1	8	10	-1	
6	7	5	9	3	
7	6	2	9	-1	
8					

图 9-72

Python 实现

在 Python 中，实现上述的需求有两种方法：一种是在 Python 中写公式，然后在 Excel 中计算；另一种是直接在 Python 中计算，然后在 Excel 中呈现。

我们先来看第一种方法如何实现，需要借助 openpyxl 库来完成，具体实现代码如下。

```
from openpyxl import Workbook

wb = Workbook()
ws = wb.active

data = [[8,9,1],
        [5,2,8],
        [6,8,10],
        [1,8,10],
        [7,5,9],
        [6,2,9]]

for r in data:
    ws.append(r)

for r in range(1,7):
    ws["D"+str(r)] = "=A" + str(r) + "+" + "B" + str(r) + "-" + "C" + str(r)

wb.save(r'C:\Users\zhangjunhong\Desktop\formula1_diy.xlsx')
```

运行结果如图 9-73 所示。

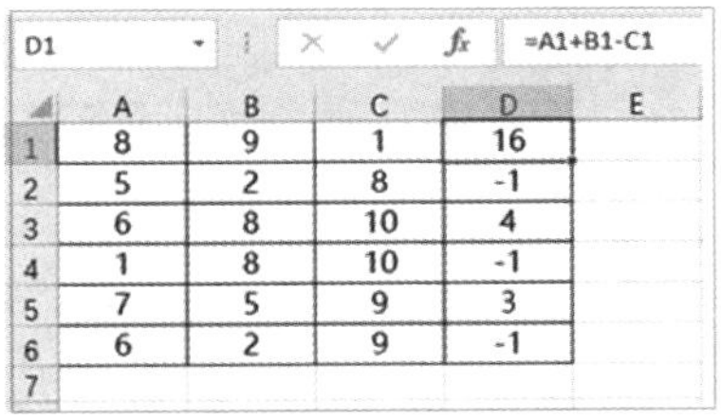

D1　=A1+B1-C1

	A	B	C	D	E
1	8	9	1	16	
2	5	2	8	-1	
3	6	8	10	4	
4	1	8	10	-1	
5	7	5	9	3	
6	6	2	9	-1	
7					

图 9-73

上面代码中首先需要新建一个工作簿，然后遍历生成每一行对应的公式，并赋值给对应的单元格，Excel 识别到公式以后，就会对其进行计算。为了让大家看得更清楚，我们把遍历生成公式的部分单独执行并打印出来，具体代码如下。

```
for r in range(1,7):
    print("=A" + str(r) + "+" + "B" + str(r) + "-" + "C" + str(r))
```

运行上面代码会得到如下结果。

```
=A1+B1-C1
=A2+B2-C2
=A3+B3-C3
=A4+B4-C4
=A5+B5-C5
=A6+B6-C6
```

接下来，看一下第二种方法如何实现，需要借助 Pandas 库来完成，具体代码如下。

```
df = pd.DataFrame([[8,9,1],
                   [5,2,8],
                   [6,8,10],
                   [1,8,10],
                   [7,5,9],
                   [6,2,9]])
df[3] = df[0] + df[1] - df[2]
df
```

运行上面代码会得到如表 9-70 所示结果，可以看到和其他方式得到的结果完全一致。

表 9-70

	0	1	2	3
0	8	9	1	16
1	5	2	8	-1
2	6	8	10	4
3	1	8	10	-1
4	7	5	9	3
5	6	2	9	-1

第 4 部分
自动化报表

10

第 10 章 审阅和视图设置

Excel 中的审阅和视图相关设置在“审阅”和“视图”选项卡，如图 10-1 所示，主要包括新建批注、文档保护、冻结窗格等。

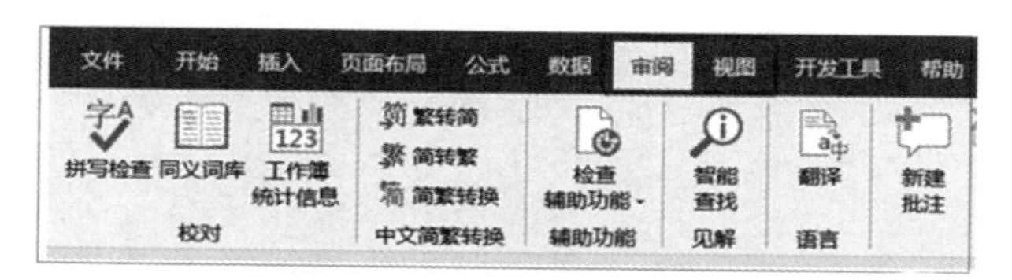

图 10-1

10.1 新建批注

批注是对某一个单元格进行点评说明的，主要包含两部分：批注者和具体批注内容。

Excel 实现

在 Excel 中，对一个单元格进行批注时，先用鼠标选中这个单元格，然后点击“审阅”选项卡中的“新建批注”命令，如图 10-2 所示。

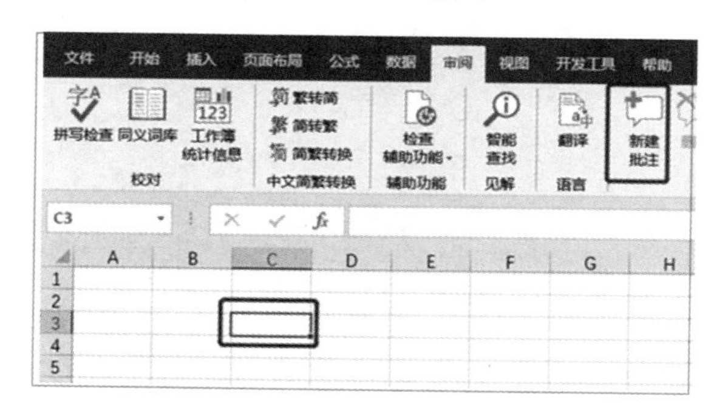

图 10-2

弹出一个对话框，在对话框中输入具体批注的内容，如图 10-3 所示。

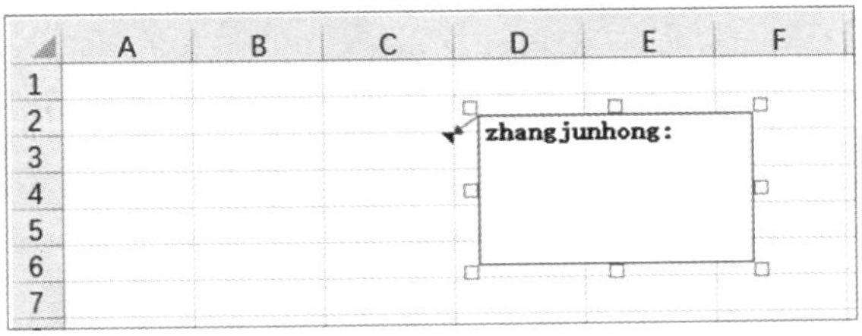

图 10-3

输入批注内容，用鼠标点击其他单元格就可以退出当前批注。被批注的单元格右上角会出现一个红色箭头，当鼠标光标移动到该单元格时批注内容就会显示出来，如图 10-4 所示。

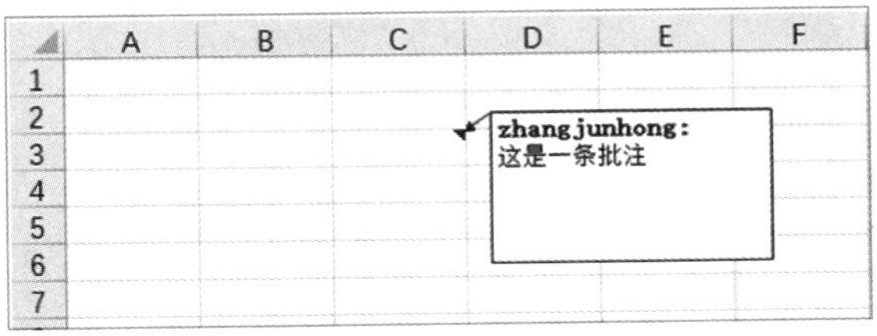

图 10-4

Python 实现

在利用 Python 添加批注时，核心需要说明 3 部分内容：批注位置、批注者、批注内容，代码如下。

```
from openpyxl import Workbook
from openpyxl.comments import Comment
from openpyxl.utils import units

wb=Workbook()
ws=wb.active

#逗号前表示具体批注内容
#逗号后表示批注者
comment = Comment("这是一条批注", "zhangjunhong")

#用来设置批注框的宽和高
comment.width = 300
comment.height = 50

#给 C3 单元格添加批注
ws["C3"].comment = comment
```

```
wb.save(r'C:\Users\zhangjunhong\Desktop\commented_book.xlsx')
```

运行上面代码会得到如图 10-5 所示结果。

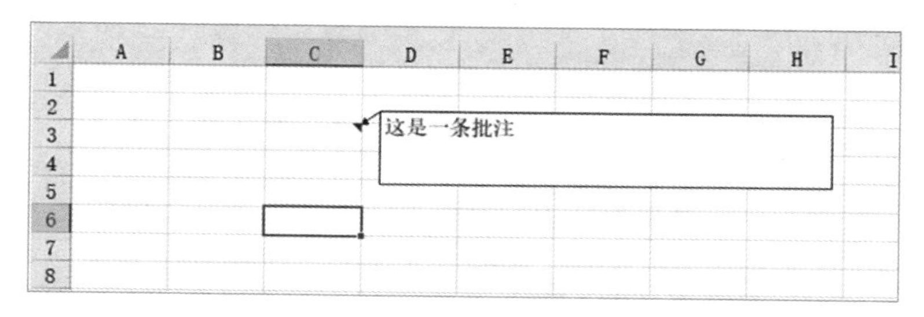

图 10-5

10.2 文档保护

文档保护分为两种：一种是保护工作表，工作表保护主要是对某一个 Sheet 进行保护，是保护该 Sheet 中的内容在没有密码的情况下不会被修改；另一种是保护工作簿，是保护该工作簿中的 Sheet 在没有密码的情况下不会被修改。如图 10-6 所示。

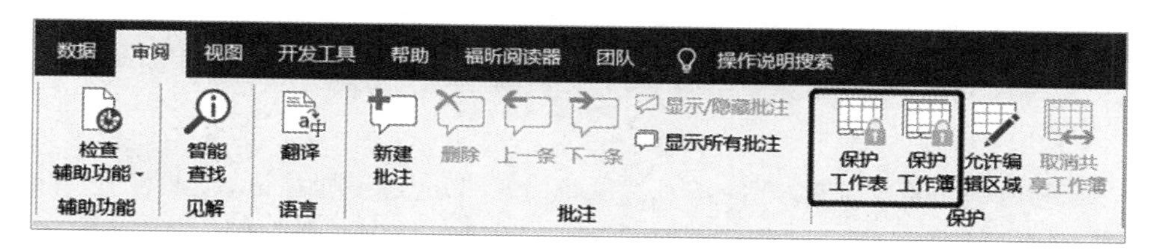

图 10-6

Excel 实现

在 Excel 中，不管是保护工作表还是保护工作簿，都可以直接通过点击“审阅”选项卡下的相关功能来实现。

Python 实现

在 Python 中，要设置保护工作表，只需要对具体的工作表（Sheet）设置密码即可，具体代码如下。

```
from openpyxl import Workbook
wb = Workbook()
ws = wb.active

ws.protection.password = '123456'
wb.save(r'C:\Users\zhangjunhong\Desktop\protection_sheet.xlsx')
```

运行上面代码以后，打开保存后的 Excel 文件，当我们双击任意一个单元格时，就会弹出如图 10-7 所示提醒，表示保护工作表设置成功。

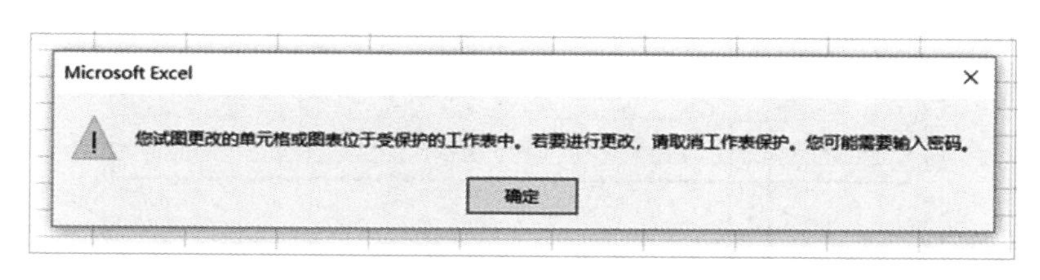

图 10-7

要设置保护工作簿时，是对工作簿设置密码，具体代码如下。

```
from openpyxl import Workbook
wb = Workbook()
ws = wb.active
wb.security.workbookPassword = '123456'
wb.security.lockStructure = True
wb.save(r'C:\Users\zhangjunhong\Desktop\protection_workbook.xlsx')
```

运行上面代码以后，打开保存后的 Excel 文件，可以看到增加 Sheet 的加号按钮是灰色的，不可以增加 Sheet，表示保护工作簿设置成功，如图 10-8 所示。

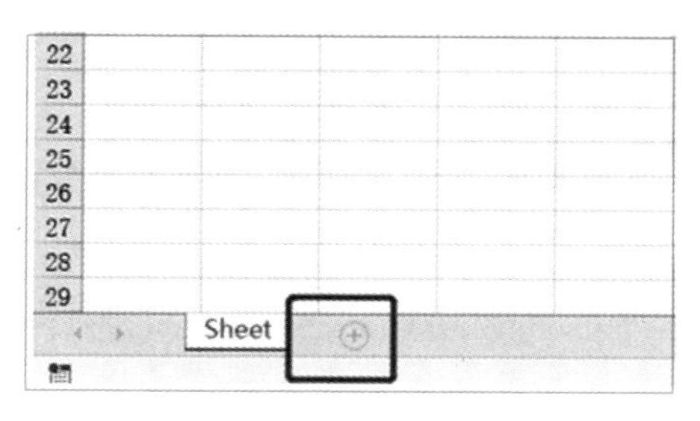

图 10-8

10.3 冻结窗格

冻结窗格是让某些单元格保持不动，一般有太多的行或者列时，则会使用该功能，主要包含 3 种冻结类型：冻结窗格、冻结首行和冻结首列。

冻结窗格是同时对行和列进行冻结；冻结首行是保持首行不变；冻结首列是保持首列不变。

Excel 实现

在 Excel 中，实现冻结首行或者首列比较简单，直接点击“视图”选项卡下的“冻结首行”或“冻结首列”命令即可。下面主要介绍一下冻结窗格，比如我们要同时冻结前两行和前两列，这时用鼠标选中 C3 单元格，然后点击“视图”选项卡下的“冻结窗格”命令，“视图”选项卡下可以看到有两条明显的分界线，就是冻结以后的效果，如图 10-9 所示。

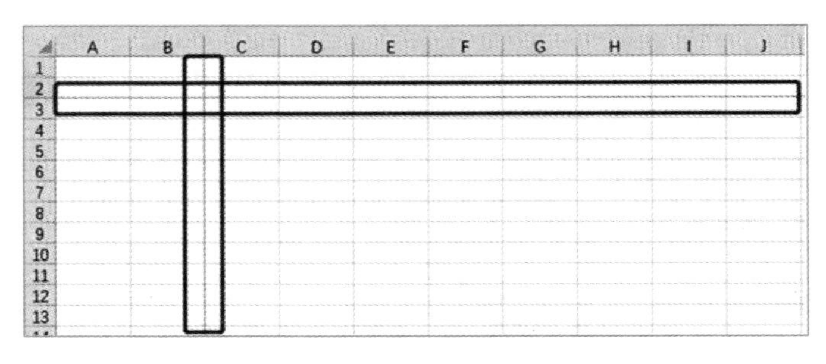

图 10-9

如果我们想要冻结前三行和前两列，则用鼠标选中 C4 单元格，然后点击“视图”选项卡下的“冻结窗格”命令，其他也是同理。

Python

在 Python 中，要实现冻结前两行和前两列的效果，可以使用如下代码。

```
from openpyxl import load_workbook

wb = Workbook()
ws = wb.active

ws.freeze_panes = 'C3'

wb.save(r'C:\Users\zhangjunhong\Desktop\freeze_panes.xlsx')
```

如果要实现冻结首行的效果，则只需要把上面冻结窗格代码中的 C3 换成 A2，具体代码如下。

```
from openpyxl import load_workbook

wb = Workbook()
ws = wb.active

ws.freeze_panes = 'A2'

wb.save(r'C:\Users\zhangjunhong\Desktop\freeze_panes_row.xlsx')
```

如果要实现冻结首列的效果，则只需要把上面冻结窗格代码中的 C3 换成 B1，具体代码如下。

```
from openpyxl import load_workbook
```

```
wb = Workbook()
ws = wb.active

ws.freeze_panes = 'B1'

wb.save(r'C:\Users\zhangjunhong\Desktop\freeze_panes_col.xlsx')
```

11 第 11 章 用 Python 绘制 Excel 图表

在日常做报表的过程中，除了需要处理大量的表格，还需要经常绘制图表，毕竟字不如表，表不如图。Excel 中的图表绘制主要在“插入”选项卡的“图表”组中，如图 11-1 所示。

图 11-1

常见的图表类型有折线图、柱状图、面积图、气泡图、散点图、饼图、雷达图等。

11.1 图表基本组成元素

图表的基本组成元素是指不管什么类型的图表都会包含这些元素，下面以最常见的折线图为例，讲述图表的基本组成元素都有哪些（见图 11-2）。

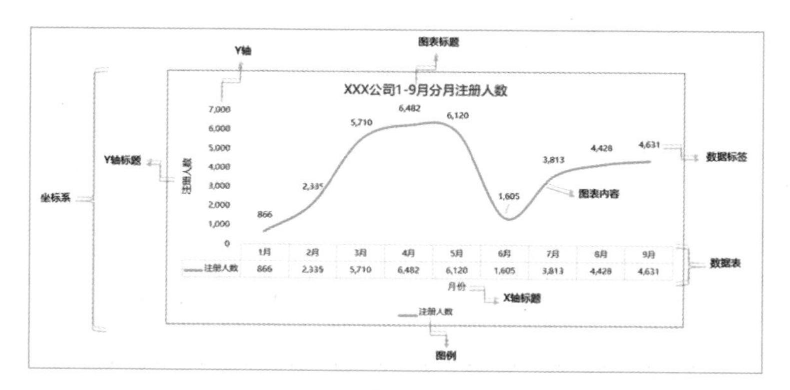

图 11-2

画布

画布就是字面意思，首先需要找到一块布，即绘图界面，然后在这块布上绘制图表。

坐标系

画布是图表的最大概念，在一块画布上可以创建多个坐标系，坐标系又可以分为直角坐标系、球坐标系和极坐标系 3 种，其中直角坐标系最常用。

坐标轴

坐标轴是坐标系中的概念，主要有 x 轴和 y 轴（一般简单的可视化均为二维），一组 x/y 值用来唯一确定坐标系上的一个点。

x 轴也被称为横轴，就是图 11-2 中的月份，y 轴也被称为纵轴，就是图 11-2 中的注册人数。

在这个坐标系中，月份和注册人数唯一确定一个点。

坐标轴标题

坐标轴标题就是 x 轴和 y 轴的名称，在图 11-2 中，我们把 x 轴叫作月份，把 y 轴叫作注册人数。

图表标题

图表标题用来说明整个图表的核心主题，图 11-2 中的核心主题就是 1 至 9 月中每月的注册人数。

数据标签

数据标签就是将图表中的数值展示出来，图 11-2 为折线图，是由不同月份和注册人数唯一确定不同的点，然后将这些点连接起来就是一个折线图。折线图是一条线，如果将每个拐点处对应的数值显示出来，这些数值就是数据标签。

数据表

数据表就是在图表下方以表格的形式将图表中的 x 值和 y 值展示出来。

图例

图例一般位于图表的下方或右方，用来说明不同的符号或颜色，来代表不同的内容与指标，有助于更好地理解图表。

图 11-2 中只有一条折线，所以图例的作用不是很大，但是当一个图表中有多条折线图，或者不同形状的混合时，图例的作用就显而易见了。你可以很快分出哪个颜色的折线代表哪个指标。

上面的这些图表基本组成元素是不以图表绘制工具为转移的，也就是说你用 Excel 绘制图表时包含这些基本元素，用 Python 绘制时也同样包含这些基本元素。

11.2 图表绘制基本流程

图表绘制基本流程是指绘制一张图表需要经历的几个步骤。

Excel 实现

在 Excel 中，绘制一张图表可以有两种方法。

方法一：

Step1：选中要绘制图表的数据源。

Step2：在“插入”选项卡的“图表”组中选择需要的图表类型，这时基本的图表就绘制出来了。

Step3：对图表进行进一步的设计，即对前面讲到的图表基本组成元素进行设置，包括图表标题、坐标轴标题等内容，如图 11-3 所示。

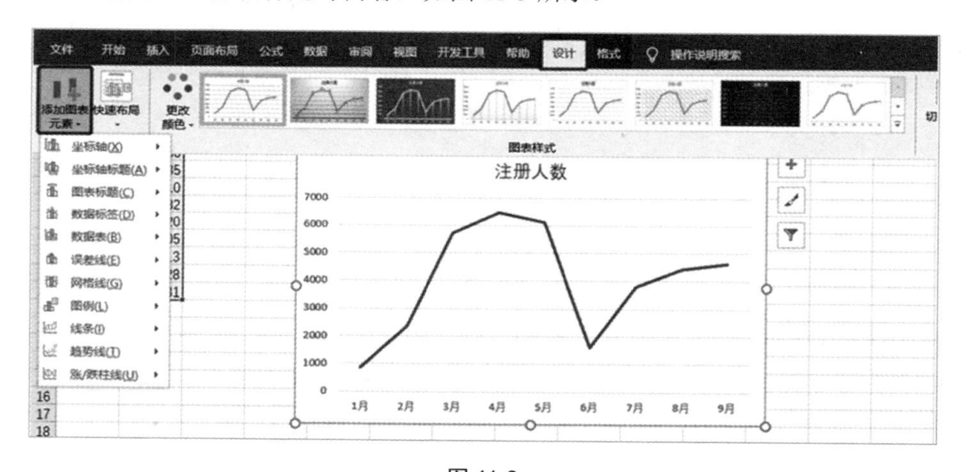

图 11-3

方法二：

Step1：在“插入”选项卡的“图表”组中选择需要的图表类型。

Step2：选择“设计”选项卡下的“选择数据”命令，如图 11-4 所示。

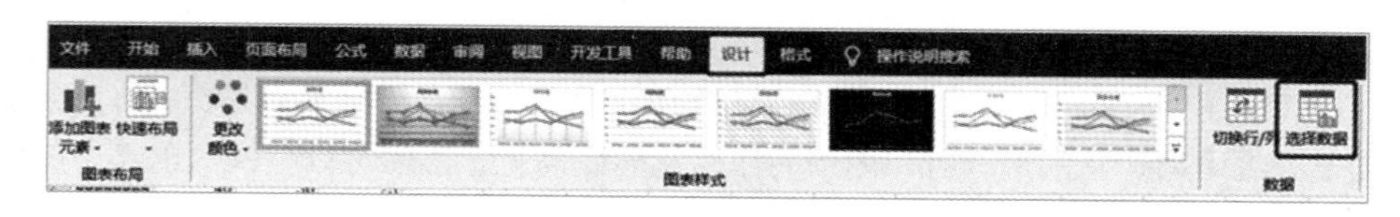

图 11-4

Step3：同样也是对图表元素进行设置。

Python 实现

在 Python 中绘制图表的流程与“Excel 实现”中的方法二比较类似，主要分为以下几个步骤。

打开工作簿—建立坐标系—添加数据—图表设置—添加图表—保存工作簿

Step1：先新建或打开一个工作簿。

Step2：建立一个指定图表类型的空坐标系。

Step3：向这个空坐标系中添加数据。

Step4：对图表元素进行设置。

Step5：将这个图表添加到工作簿中的指定单元格位置。

Step6：保存工作簿。

按照上述步骤绘制图表，代码如下。

```
from openpyxl import Workbook
from openpyxl.chart import LineChart,Reference

#创建一个工作簿
wb = Workbook()
ws = wb.active

rows = [
    ['月份', '注册人数'],
    ['1 月', 866],
    ['2 月', 2335],
    ['3 月', 5710],
    ['4 月', 6482],
    ['5 月', 6120],
    ['6 月', 1605],
    ['7 月', 3813],
    ['8 月', 4428],
    ['9 月', 4631],
]

for row in rows:
    ws.append(row)

#建立一个空折线图坐标系
c1 = LineChart()

#向空坐标系中添加数据
data = Reference(ws, min_col=2, min_row=1, max_col=2, max_row=10)
```

```
#titles_from_data=True 的作用是使表头不计入数据
c1.add_data(data, titles_from_data=True)

#对图表元素进行设置
c1.title = "1-9 月注册人数"
c1.style = 1 #图表样式类型(1-48)
c1.y_axis.title = '注册人数'
c1.x_axis.title = '月份'

#将图表添加到工作簿中 A8 单元格位置
ws.add_chart(c1, "A8")

#将工作簿进行保存
wb.save(r'C:\Users\zhangjunhong\Desktop\sample_chart.xlsx')
```

11.3 图表基本设置

图表基本设置就是对图表基本组成元素进行设置。其中画布、坐标系、坐标轴在创建基础图表时就自动创建了，不需要额外进行设置。

Excel 中的图表基本设置比较简单，先选中图表，然后点击“设计”选项卡下的命令添加图表元素部分。

我们接下来主要讲解如何在 Python 中对图表进行基本设置。

11.3.1 图表标题

在 Python 中可使用如下形式对图表标题进行设置。

```
chart.title("text")
```

chart 表示要进行设置的图表；text 表示要设置的具体标题内容。

11.3.2 坐标轴标题

在 Python 中可使用如下形式对坐标轴标题进行设置。

```
chart.x_axis.title = "x_text" #对 x 轴标题进行设置
chart.y_axis.title = "y_text" #对 y 轴标题进行设置
```

chart 表示要进行设置的图表；x_axis 表示 *x* 轴，y_axis 表示 *y* 轴；x_axis.title 表示 *x* 轴的标题，y_axis.title 表示 *y* 轴的标题；x_text 表示 *x* 轴要设置的具体标题内容，y_text 表示 *y* 轴要设置的具体标题内容。

11.3.3 图例设置

在 Python 中可以使用如下形式对图例进行设置。

```
chart.legend = Legend(legendPos = 'r')
```

图例中最常用的设置就是图例的位置，通过调整参数 legendPos 的值来实现图例位置的设置。

该参数的可选值为 l、r、t、b、tr，分别表示将图例放置在图表的左侧、右侧、上方、下方、右上方。

11.4 图表绘制

不管是折线图，还是柱状图的图形设置，都是基于对 Series 的设置。

11.4.1 折线图

在 11.2 节就是以绘制折线图为例的。其实不管绘制什么图表，基本流程是一样的，区别在于建立空坐标系时需要建立不同图表类型的坐标系。

折线图的空坐标系是 LineChart()。

11.4.2 柱状图

绘制柱状图时，只需要把 LineChart()改成 BarChart()，其他元素的设置方法基本是一样的。具体实现代码如下。

```
from openpyxl import Workbook
from openpyxl.chart import BarChart,Reference

#创建一个工作簿
wb = Workbook()
ws = wb.active

rows = [
    ['月份', '注册人数'],
    ['1 月', 866],
    ['2 月', 2335],
    ['3 月', 5710],
    ['4 月', 6482],
    ['5 月', 6120],
    ['6 月', 1605],
    ['7 月', 3813],
    ['8 月', 4428],
```

```
    ['9月', 4631],
]

for row in rows:
    ws.append(row)

#建立一个空的柱状图坐标系
c1 = BarChart()

#向空坐标系中添加数据
data = Reference(ws, min_col=2, min_row=1, max_col=2, max_row=10)
c1.add_data(data, titles_from_data=True)#titles_from_data=True 的作用是将表头不计
入数据

#对图表元素进行设置
c1.title = "1-9月注册人数"
c1.style = 1 #图表样式类型(1-48)
c1.y_axis.title = '注册人数'
c1.x_axis.title = '月份'

#将图表添加到工作簿中
ws.add_chart(c1, "A8")

#将工作簿进行保存
wb.save(r'C:\Users\zhangjunhong\Desktop\bar_chart.xlsx')
```

运行上面代码，就会在特定文件下生成一个柱状图文件，如图 11-5 所示。

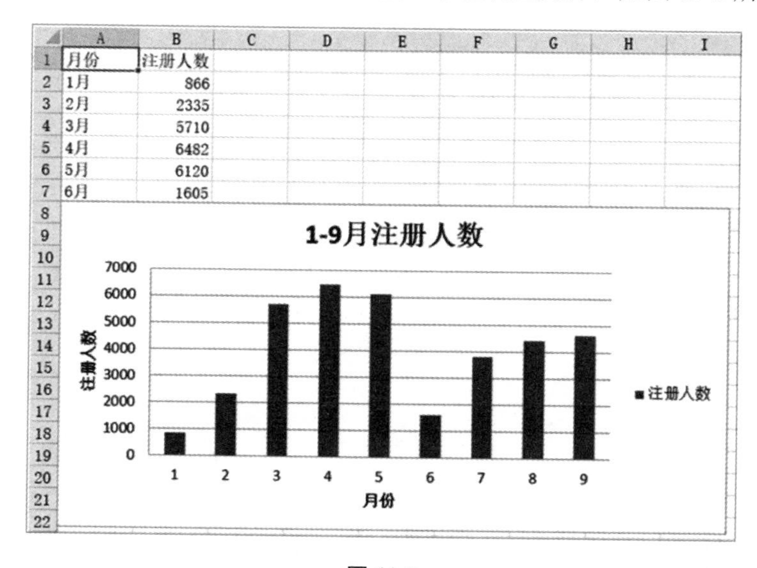

图 11-5

11.4.3 面积图

面积图的本质与折线图有点类似，只是线的下方会被填充。在绘制面积图时，只需要把 LineChart()改成 AreaChart()，其他元素的设置方法基本是一样的。具体实现代码如下。

```
from openpyxl import Workbook
from openpyxl.chart import AreaChart,Reference

#创建一个工作簿
wb = Workbook()
ws = wb.active

rows = [
    ['月份', '注册人数'],
    ['1月', 866],
    ['2月', 2335],
    ['3月', 5710],
    ['4月', 6482],
    ['5月', 6120],
    ['6月', 1605],
    ['7月', 3813],
    ['8月', 4428],
    ['9月', 4631],
]

for row in rows:
    ws.append(row)

#建立一个空的面积图坐标系
c1 = AreaChart()

#向空坐标系中添加数据
data = Reference(ws, min_col=2, min_row=1, max_col=2, max_row=10)
c1.add_data(data, titles_from_data=True)#titles_from_data=True 的作用是使表头不计
入数据

#对图表元素进行设置
c1.title = "1-9月注册人数"
c1.style = 13 #图表样式类型(1-48)
c1.y_axis.title = '注册人数'
c1.x_axis.title = '月份'

#将图表添加到工作簿中
ws.add_chart(c1, "A8")
```

```
#将工作簿进行保存
wb.save(r'C:\Users\zhangjunhong\Desktop\area_chart.xlsx')
```

运行上面代码，就会在特定文件下生成一个面积图，如图 11-6 所示。

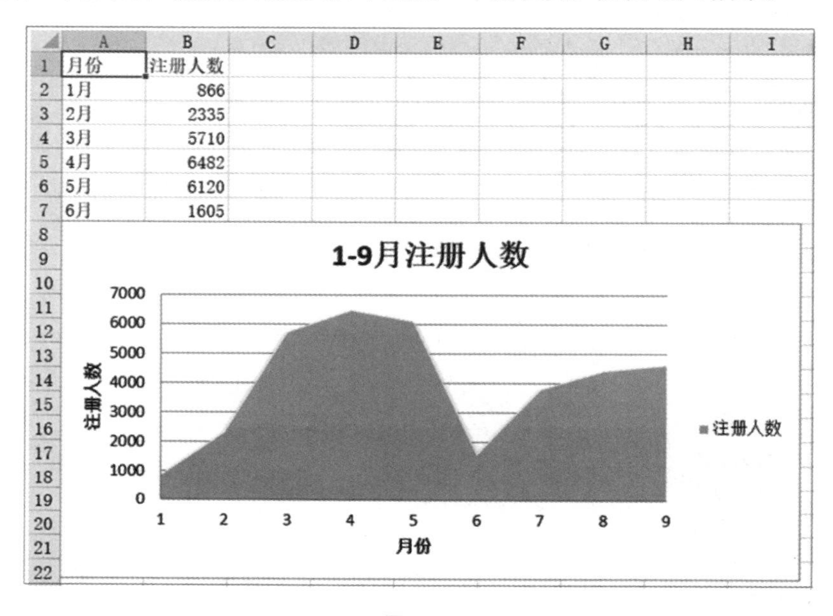

图 11-6

11.4.4 散点图

散点图的本质与折线图也有些类似，折线图是由一个个点连接成线的，只要把折线图中点与点之间的线隐藏就是散点图了。同时在建立空坐标系时需要把 LineChart() 改成 ScatterChart()，再增加一些对点的样式的设置，具体实现代码如下。

```
from openpyxl import Workbook
from openpyxl.chart import ScatterChart,Reference,Series

#创建一个工作簿
wb = Workbook()
ws = wb.active

rows = [
    ['月份', '注册人数',''],
    ['1月', 866],
    ['2月', 2335],
    ['3月', 5710],
    ['4月', 6482],
    ['5月', 6120],
```

```
    ['6月', 1605],
    ['7月', 3813],
    ['8月', 4428],
    ['9月', 4631],
]

for row in rows:
    ws.append(row)

#建立一个空的坐标系
c1 = ScatterChart()

#向空坐标系中添加数据
xvalues = Reference(ws, min_col=1, min_row=1, max_row=10)
values = Reference(ws, min_col=2, min_row=1, max_row=10)
series = Series(values, xvalues, title_from_data=True)
c1.series.append(series)

#设置点的样式
s1 = c1.series[0]
s1.marker.symbol = "circle"#设置散点标记类型
s1.marker.graphicalProperties.solidFill = "FF0000" # 标记填充颜色
s1.marker.graphicalProperties.line.solidFill = "FF0000" # 标记的轮廓颜色

s1.graphicalProperties.line.noFill = True#等于 True 时，点之间的线才会隐藏

#对图表元素进行设置
c1.title = "1-9月注册人数"
c1.style = 13 #图表样式类型(1-48)
c1.y_axis.title = '注册人数'
c1.x_axis.title = '月份'

#将图表添加到工作簿中
ws.add_chart(c1, "A8")

#将工作簿进行保存
wb.save(r'C:\Users\zhangjunhong\Desktop\scatter_chart.xlsx')
```

运行上面代码，就会在特定文件下生成一个散点图，如图 11-7 所示。

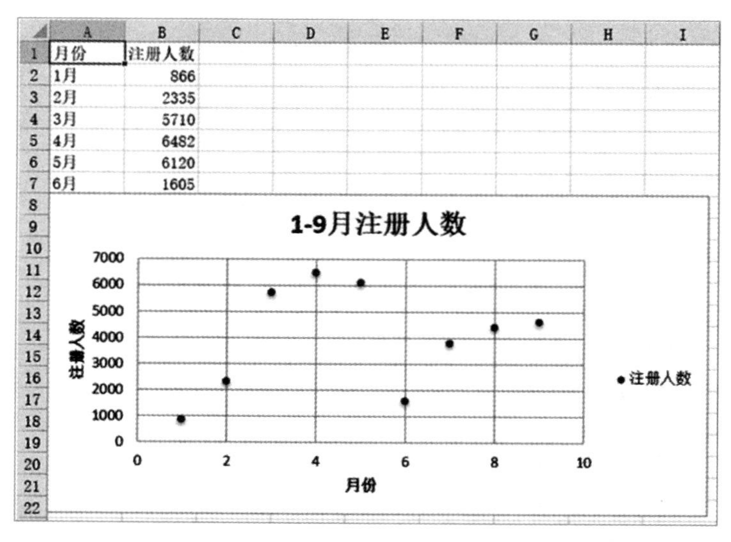

图 11-7

11.4.5　气泡图

气泡图与散点图有点类似，二者的区别在于散点图中每个点的大小是一样的，而气泡图中每个点的大小是不一样的。在绘制气泡图时需要指明 3 个值 x、y、size，分别表示 x 轴的值、y 轴的值、气泡的大小。具体实现代码如下。

```
from openpyxl import Workbook
from openpyxl.chart import BubbleChart,Reference,Series

#创建一个工作簿
wb = Workbook()
ws = wb.active

rows = [
    ['月份', '注册人数','区间'],
    ['1月', 866, 10],
    ['2月', 2335, 20],
    ['3月', 5710, 50],
    ['4月', 6482, 60],
    ['5月', 6120, 60],
    ['6月', 1605, 10],
    ['7月', 3813, 30],
    ['8月', 4428, 40],
    ['9月', 4631, 40],
]
```

```
for row in rows:
    ws.append(row)

#建立一个空的坐标系
c1 = BubbleChart()

#向空坐标系中添加数据
xvalues = Reference(ws, min_col=1, min_row=1, max_row=10)#x 值
yvalues = Reference(ws, min_col=2, min_row=2, max_row=10)#y 值
size = Reference(ws, min_col=3, min_row=1, max_row=10)#size 值

series = Series(values=yvalues, xvalues=xvalues, zvalues=size)
c1.series.append(series)

#对图表元素进行设置
c1.title = "1-9 月注册人数"
c1.style = 13 #图表样式类型(1-48)
c1.y_axis.title = '注册人数'
c1.x_axis.title = '月份'

#将图表添加到工作簿中
ws.add_chart(c1, "A8")

#将工作簿进行保存
wb.save(r'C:\Users\zhangjunhong\Desktop\bubble_chart.xlsx')
```

运行上面代码，就会在特定文件下生成一个气泡图，如图 11-8 所示。

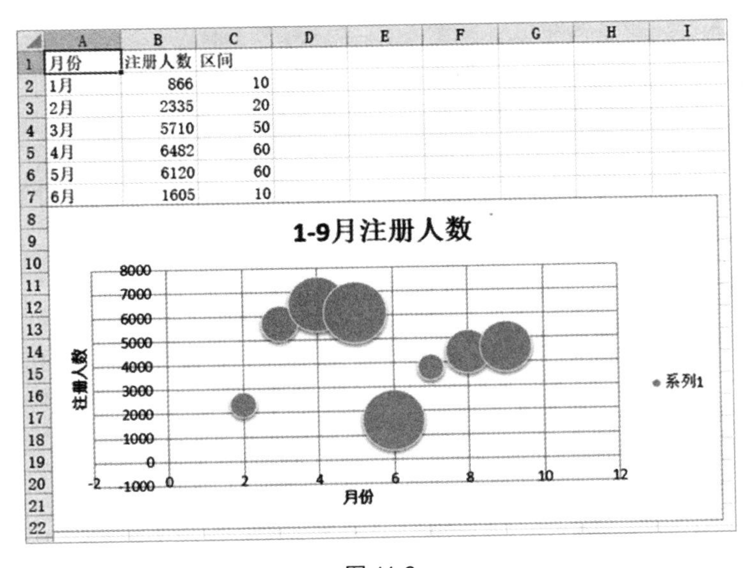

月份	注册人数	区间
1月	866	10
2月	2335	20
3月	5710	50
4月	6482	60
5月	6120	60
6月	1605	10

图 11-8

11.4.6 图表布局

图表布局就是对图表所处的位置、长宽进行设置。其实主要是对图 11-9 中的 *x*、*y*、*w*、*h* 这 4 项进行设置。

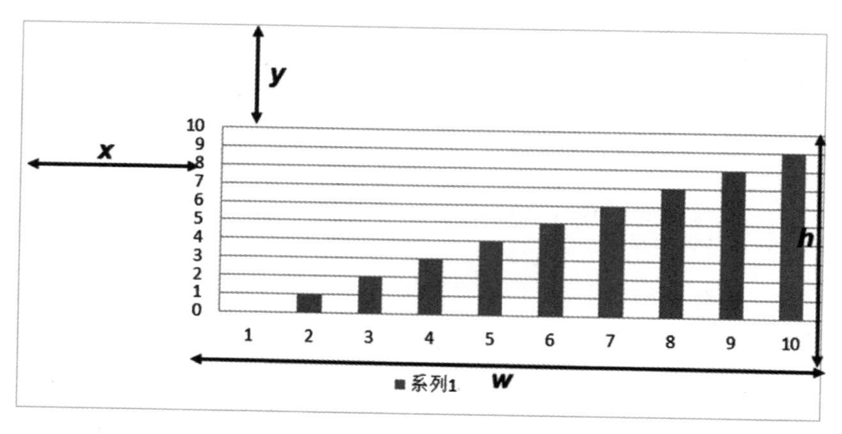

图 11-9

在 openpyxl 库中设置图表布局，需要用到 ManualLayout()函数，该函数的形式如下。

```
#对图表 chart1 进行布局设置
chart1.layout = Layout(ManualLayout(x = 0.2,y = 0.1,h=0.6,w=0.8))
```

我们先创建一个图表，不对其进行布局设置，然后复制该图表，并对其进行布局设置，最后查看设置布局前后的效果，代码如下。

```
from openpyxl import Workbook
from openpyxl.chart.layout import Layout, ManualLayout
from openpyxl.chart.legend import Legend
wb = Workbook()#建立工作表
ws = wb.active#激活工作表
for i in range(10):
    ws.append([i])

from openpyxl.chart import BarChart, Reference, Series
values = Reference(ws, min_col=1, min_row=1, max_col=1, max_row=10)#数据引用
chart = BarChart()#建立坐标系
chart.add_data(values)#添加数据
ws.add_chart(chart, "B2")#添加图表

from copy import deepcopy
chart1 = deepcopy(chart)
chart1.layout = Layout(ManualLayout(x = 0.2,y = 0.1,h=0.6,w=0.8))
```

```
chart1.legend = Legend(legendPos='b')
ws.add_chart(chart1, "B17")#添加图表

wb.save(r'C:\Users\zhangjunhong\Desktop\Layout_chart.xlsx')#保存工作表
```

运行上面代码，生成布局设置前后的两个图表，如图 11-10 所示。

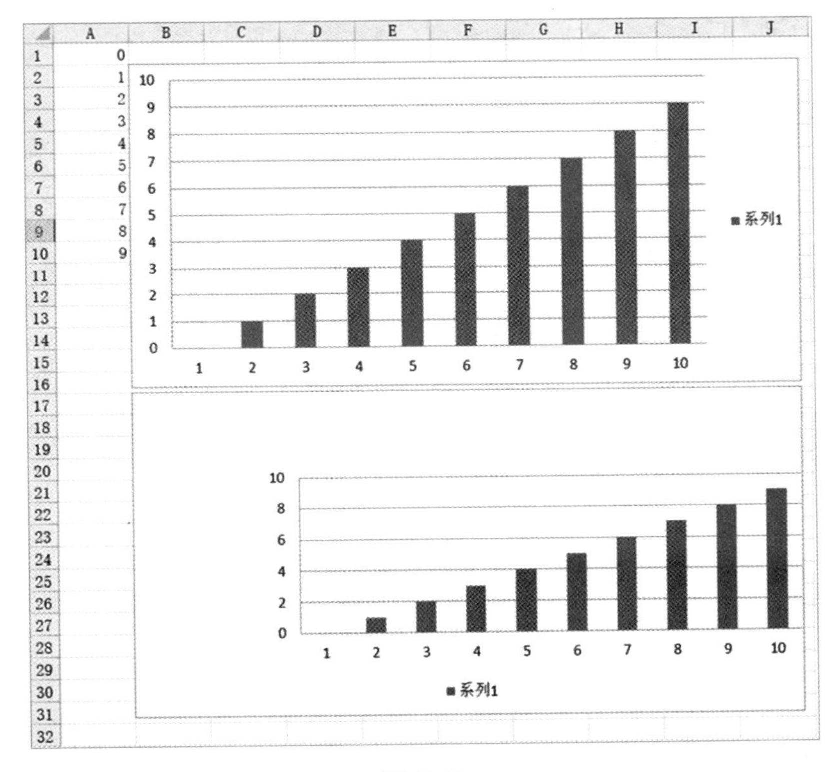

图 11-10

11.5 如何将图片插入 Excel 中

在数据处理、格式化设置方面，openpyxl 库确实很棒，但是在 Python 数据可视化方面，openpyxl 库并不是最佳选择，所以这里只是对 openpyxl 库的一些基础功能进行了介绍，读者简单了解即可。

那我们不用 openpyxl 库做可视化，可以用哪些呢？常见的 Python 可视化库有 matplotlib、seaborn、plotly、Boken、Pyecharts。用这些库绘制图表以后，以图片的形式保存到本地，然后插入 Excel 中。

将图片插入 Excel 中的具体代码如下。

```
from openpyxl import Workbook
from openpyxl.drawing.image import Image

wb = Workbook()
ws = wb.active

# 指明要导入图片的文件路径
img = Image(r'C:\Users\zhangjunhong\Desktop\图片 1.png')

#将图片添加到 ws 中
ws.add_image(img, 'A1')

#对图片的宽和高进行设置
newsize = (90, 90)
img.width, img.height = newsize

#保存工作簿
wb.save(r'C:\Users\zhangjunhong\Desktop\logo.xlsx')
```

12 第 12 章 用 Python 对 Excel 文件进行批量操作

12.1 OS 库介绍

OS（Operation System）指操作系统。在 Python 中，OS 库主要提供了与操作系统即电脑系统之间进行交互的一些功能。很多自动化操作都会依赖该库的功能。

12.2 OS 库基本操作

12.2.1 获取当前工作路径

我们在第 2 章介绍了如何安装 Anaconda，以及如何利用 Jupyter Notebook 写代码。可是你们知道写在 Jupyter Notebook 中的代码存储在电脑的哪里吗？

是不是很多读者不知道？想要知道也很简单，只需要在 Jupyter Notebook 中输入如下代码，然后运行。

```
import os
os.getcwd()
```

运行上面代码会得到如下结果。

```
'C:\\Users\\zhangjunhong\\python 库\\Python 报表自动化'
```

上面这个文件路径就是此时 Notebook 代码文件所在的路径，你的代码存储在哪个文件路径下，运行就会得到对应结果。

12.2.2 获取一个文件夹下的所有文件名

我们经常会将电脑本地的文件导入 Python 中来处理，在导入之前需要知道文件的存储路径及文件名。如果只有一两个文件，那直接手动输入文件名和文件路径即可，但有时需要导入的文件有很多。手动输入效率就会比较低，需要借助代码来提高效率。

图 12-1 所示文件夹中有 4 个 Excel 文件。

此电脑 › 新加卷 (D:) › Data-Science › share › data › test

名称	修改日期	类型
3月绩效-张明明.xlsx	2021/5/9 20:31	Microsoft Excel ...
陈凯3月份绩效.xlsx	2021/5/9 20:32	Microsoft Excel ...
李旦3月绩效.xlsx	2021/5/9 20:32	Microsoft Excel ...
王玥月-3月绩效.xlsx	2021/5/9 20:32	Microsoft Excel ...

图 12-1

我们可以使用 os.listdir(path)来获取 path 路径下所有的文件名。具体实现代码如下。

```
import os
os.listdir('D:/Data-Science/share/data/test')
```

运行上面代码会得到如下结果。

```
['3 月绩效-张明明.xlsx', '李旦 3 月绩效.xlsx', '王玥月-3 月绩效.xlsx', '陈凯 3 月份绩效.xlsx']
```

12.2.3 对文件进行重命名

对文件进行重命名是比较高频的需求，我们可以利用 os.rename('old_name','new_name')来对文件进行重命名。old_name 就是旧文件名，new_name 就是新文件名。

我们先在 test 文件夹下新建一个名为 test_old 的文件，然后利用如下代码，就可以把 test_old 文件名改成 test_new。

```
os.rename('D:/Data-Science/share/data/test/test_old.xlsx'
         ,'D:/Data-Science/share/data/test/test_new.xlsx')
```

运行上面代码以后，再到 test 文件夹下面，就可以看到 test_old 文件已经不存在了，只有 test_new。

12.2.4 创建一个文件夹

当我们想要在指定路径下创建一个新的文件夹时，可以选择手动新建文件夹，也可以利用 os.mkdir(path)新建，只需要指明具体的路径（path）即可。

当运行下面代码时，就表示在 D:/Data-Science/share/data 路径下新建一个名为 test11 的文件夹，效果如图 12-2 所示。

```
os.mkdir('D:/Data-Science/share/data/test11')
```

此电脑 › 新加卷 (D:) › Data-Science › share › data ›

名称	修改日期	类型	大小
test	2021/5/9 20:32	文件夹	
test 11	2021/5/9 20:39	文件夹	

图 12-2

12.2.5　删除一个文件夹

删除文件夹与创建文件夹是相对应的。当然，我们也可以选择手动删除一个文件夹，也可以利用 os.removedirs(path)进行删除，指明要删除的路径（path）。

当运行如下代码时，就表示把刚刚创建的 test11 文件夹删除了。

```
os.removedirs('D:/Data-Science/share/data/test11')
```

12.2.6　删除一个文件

删除文件是删除一个具体的文件，而删除文件夹是将整个文件夹，包含文件夹中的所有文件进行删除。删除文件利用的是 os.remove(path)，指明文件所在的路径（path）。

当我们运行如下代码时，就表示将 test 文件夹中 test_new 文件删除了。

```
os.remove('D:/Data-Science/share/data/test/test_new.xlsx')
```

12.3　批量操作

12.3.1　批量读取一个文件夹下的多个文件

有时一个文件夹下会包含多个类似的文件，比如一个部门不同人的绩效文件，我们需要把这些文件批量读取到 Python 中，然后进行处理。

我们在前面学过，如何读取一个文件，可以用 load_work()，也可以用 read_excel()，不管采用哪种方式，都只需要指明要读取文件的路径即可。

那如何批量读取呢？先获取该文件夹下的所有文件名，然后遍历读取每一个文件。具体实现代码如下所示。

```
import pandas as pd

#获取文件夹下的所有文件名
name_list = os.listdir('D:/Data-Science/share/data/test')

#for 循环遍历读取
for i in name_list:
    df = pd.read_excel(r'D:/Data-Science/share/data/test/' + i)
```

```
    print('{}读取完成！'.format(i))
```

如果要对读取的文件的数据进行操作，那么只需把具体的操作实现代码放置在读取代码之后即可。比如我们要对每一个读取进来的文件进行删除重复值处理，实现代码如下。

```
import pandas as pd

#获取文件夹下的所有文件名
name_list = os.listdir('D:/Data-Science/share/data/test')

#for 循环遍历读取
for i in name_list:
    df = pd.read_excel(r'D:/Data-Science/share/data/test/' + i)
    df = df.drop_duplicates() #删除重复值处理
    print('{}读取完成！'.format(i))
```

12.3.2 批量创建文件夹

有时我们需要根据特定的主题来创建特定的文件夹，比如需要根据月份创建 12 个文件夹。我们前面介绍过如何创建单个文件夹，如果要批量创建多个文件夹，则只需要遍历执行单个文件夹的语句即可。具体实现代码如下。

```
month_num = ['1月','2月','3月','4月','5月','6月','7月','8月','9月','10月','11月','12月']

for i in month_num:
    os.mkdir('D:/Data-Science/share/data/' + i)
    print('{}创建完成！'.format(i))
```

运行上面代码以后就会在该文件路径下新建 12 个文件夹，如图 12-3 所示。

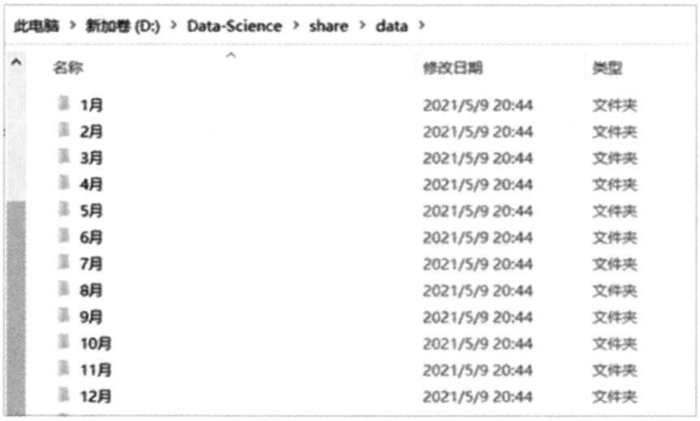

此电脑 › 新加卷 (D:) › Data-Science › share › data ›

名称	修改日期	类型
1月	2021/5/9 20:44	文件夹
2月	2021/5/9 20:44	文件夹
3月	2021/5/9 20:44	文件夹
4月	2021/5/9 20:44	文件夹
5月	2021/5/9 20:44	文件夹
6月	2021/5/9 20:44	文件夹
7月	2021/5/9 20:44	文件夹
8月	2021/5/9 20:44	文件夹
9月	2021/5/9 20:44	文件夹
10月	2021/5/9 20:44	文件夹
11月	2021/5/9 20:44	文件夹
12月	2021/5/9 20:44	文件夹

图 12-3

12.3.3　批量重命名文件

有时我们有好多相同主题的文件，但是这些文件的文件名比较混乱，比如图 12-4 所示文件，是各个员工的 3 月绩效情况，但是命名格式都不太一样，我们要将其统一成“名字+3 月绩效”这样的格式。要达到这种效果，可以通过前面学到的对文件进行重命名的操作来实现，前面只介绍了对单一文件的操作，那如何同时对多个文件进行批量操作呢？

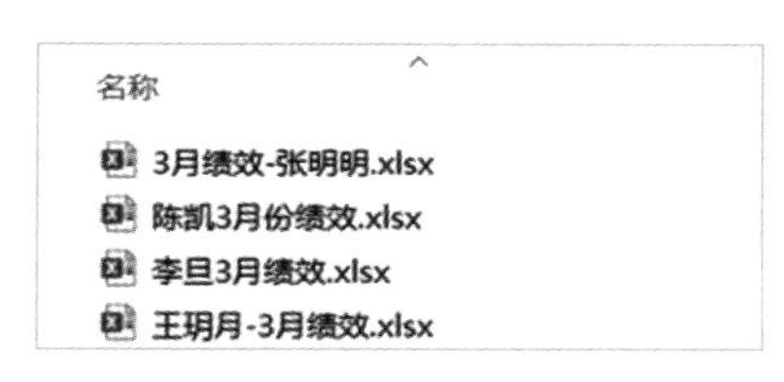

图 12-4

具体实现代码如下。

```
import os

#获取指定文件夹下所有文件名
old_name = os.listdir('D:/Data-Science/share/data/test')

name = ["张明明","李旦","王玥月","陈凯"]

#遍历每一个姓名
for n in name:
    #遍历每一个旧文件名
    for o in old_name:
        #判断旧文件名中是否包含特定的姓名
        #如果包含就进行重命名
        if n in o:
            os.rename('D:/Data-Science/share/data/test/' + o, 'D:/Data-Science/
share/data/test/' + n +"3 月绩效.xlsx")
```

运行上面代码以后可以看到文件夹下的原文件名已被全部重命名完成，如图 12-5 所示。

名称
陈凯3月绩效.xlsx
李旦3月绩效.xlsx
王玥月3月绩效.xlsx
张明明3月绩效.xlsx

图 12-5

12.4 其他批量操作

12.4.1 批量合并多个文件

图 12-6 所示文件夹下面有 1—6 月的分月销售日报，已知这些日报的结构是相同的，只有“日期”和“销量”两列，现在我们想要把这些不同月份的日报合并成一份。

此电脑 › 新加卷 (D:) › Data-Science › share › data › sale_data

名称	修改日期	类型	大小
1月销售日报.xlsx	2021/5/9 21:03	Microsoft Excel ...	16 KB
2月销售日报.xlsx	2021/5/9 21:25	Microsoft Excel ...	16 KB
3月销售日报.xlsx	2021/5/9 21:26	Microsoft Excel ...	16 KB
4月销售日报.xlsx	2021/5/9 21:26	Microsoft Excel ...	16 KB
5月销售日报.xlsx	2021/5/9 21:27	Microsoft Excel ...	16 KB
6月销售日报.xlsx	2021/5/9 21:27	Microsoft Excel ...	16 KB

图 12-6

将分月销售日报合并成一份文件的具体实现代码如下。

```
import os
import pandas as pd

#获取指定文件下所有文件名
name_list = os.listdir('D:/Data-Science/share/data/sale_data')

#创建一个相同结构的空 DataFrame
df_o = pd.DataFrame({'日期':[],'销量':[]})

#遍历读取每一个文件
for i in name_list:
    df = pd.read_excel(r'D:/Data-Science/share/data/sale_data/' + i)
    #进行纵向拼接
    df_v = pd.concat([df_o,df])
    #把拼接后的结果赋值给 df_o
    df_o = df_v
df_o
```

运行上面代码，就会得到合并后的文件 df_o，如图 12-7 所示。

	日期	销量
0	2021-01-01	1481.0
1	2021-01-02	1260.0
2	2021-01-03	1208.0
3	2021-01-04	1199.0
4	2021-01-05	1301.0
...	...	...
25	2021-06-26	1297.0
26	2021-06-27	1340.0
27	2021-06-28	1129.0
28	2021-06-29	1272.0
29	2021-06-30	1340.0

181 rows × 2 columns

图 12-7

12.4.2　将一份文件按照指定列拆分成多个文件

上面介绍了如何批量合并多个文件，我们也有合并多个文件的逆需求，即按照指定列将一个文件拆分成多个文件。

还是上面的数据集，假设我们现在拿到了一份 1—6 月的文件，这份文件除了“日期”和“销量”两列，还多了一列“月份”。现在需要做的是，根据“月份”列将这一份文件拆分成多个文件，每个月份单独存储为一个文件。

具体实现代码如下。

```
#生成一列新的“月份”列
df_o['月份'] = df_o['日期'].apply(lambda x:x.month)

#遍历每一个月份值
for m in df_o['月份'].unique():
    #将特定月份值的数据筛选出来
    df_month = df_o[df_o['月份'] == m]
    #将筛选出来的数据进行保存
    df_month.to_csv(r'D:/Data-Science/share/data/split_data/' + str (m) + '月销
售日报_拆分后.csv')
```

运行上面代码，就可以在目标路径下看到拆分后的多个文件，如图 12-8 所示。

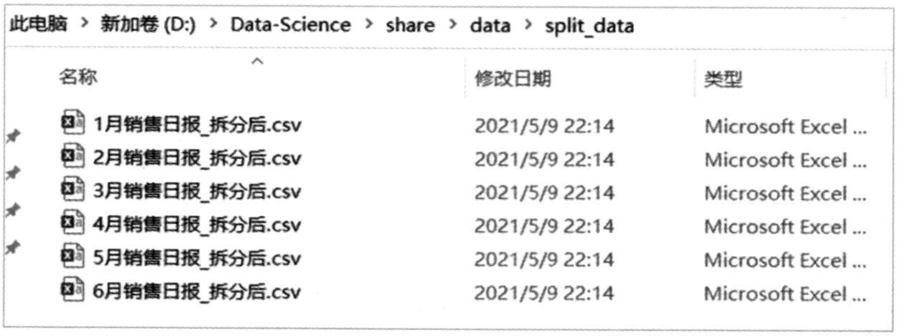

此电脑 > 新加卷 (D:) > Data-Science > share > data > split_data

名称	修改日期	类型
1月销售日报_拆分后.csv	2021/5/9 22:14	Microsoft Excel ...
2月销售日报_拆分后.csv	2021/5/9 22:14	Microsoft Excel ...
3月销售日报_拆分后.csv	2021/5/9 22:14	Microsoft Excel ...
4月销售日报_拆分后.csv	2021/5/9 22:14	Microsoft Excel ...
5月销售日报_拆分后.csv	2021/5/9 22:14	Microsoft Excel ...
6月销售日报_拆分后.csv	2021/5/9 22:14	Microsoft Excel ...

图 12-8

第 13 章 自动发送邮件

在制作报表之后一般需要发送邮件给相关人员查看，对一些每天需要发送的报表或者需要一次发送多份的报表，可以考虑借助 Python 实现自动发送邮件。

13.1 使用邮箱的第一步

一般我们在使用 QQ 邮箱、163 邮箱、126 邮箱等比较常见的邮箱时，只需要输入账号和密码就可以。但是在使用手机端的企业邮箱时，一般需要配置一下，常规的配置界面如图 13-1 所示。

图 13-1

除了输入账号、密码，还需要输入一个服务器地址，这个地址每个公司都不太一样。

13.2 一份邮件的组成

图 13-2 是 Outlook 中发送一份邮件的界面，主要包含发件人、收件人、抄送人、

主题、正文、附件这几个部分。这也是一般邮件比较通用的组成部分。

图 13-2

13.3 如何发送邮件

在发送邮件之前首先需要与服务器进行连接，在 Python 中主要利用 smtplib 库来建立服务器连接、服务器断开的工作。

不同邮箱的服务器地址不一样，大家根据自己使用的邮箱设置相应的服务器地址。表 13-1 为常见邮箱对应的服务器地址。

表 13-1

邮　　箱	服务器地址
新浪邮箱	smtp.sina.com
搜狐邮箱	smtp.sohu.com
126 邮箱	smtp.126.com
139 邮箱	smtp.139.com
163 网易邮箱	smtp.163.com

在与 163 邮箱服务器进行连接之前，需要先登录自己的 163 邮箱进行授权设置，授权码设置如图 13-3 所示。

选择“设置>POP3/SMTP/IMAP”命令，在弹出的界面中勾选“POP3/SMTP 服务”和“MAP/SMTP 服务”复选框，根据提示进行授权码设置。设置授权成功后，在 Python 中利用授权码进行登录，而不是本来的邮箱密码。如果使用本来的邮箱密码登录，则会报错。

图 13-3

登录成功以后对邮件内容进行编辑，之后点击“发送”按钮，完成后断开服务器连接。

下面展示了发送一份邮件的简短流程代码。

```
import smtplib

smtp = smtplib.SMTP()
smtp.connect(host, port)  # 与服务器进行连接
smtp.set_debuglevel(1) #显示出交互信息
smtp.login(username, password)  # 登录邮箱
smtp.sendmail(sender, receiver, msg.as_string())  # 发送邮件
smtp.quit()  # 断开连接
```

13.4 正式发送一份邮件

下面以 163 邮箱为例，展示了发送一份邮件的完整 Python 代码。

```
import smtplib
from email.mime.multipart import MIMEMultipart
from email import encoders
from email.header import Header
from email.mime.text import MIMEText
from email.utils import parseaddr, formataddr
from email.mime.application import MIMEApplication

#发件人邮箱
asender="zhangjunhongdata@163.com"
```

```
#收件人邮箱
areceiver="zhangjunhong@163.com"
#抄送人邮箱
acc = 'zhangjunhong@qq.com'
#邮件主题
asubject = '这是一份测试邮件'

#发件人地址
from_addr = "zhangjunhongdata@163.com"
#邮箱密码（授权码）
password="123data"

#邮件设置
msg = MIMEMultipart()
msg['Subject'] = asubject
msg['to'] = areceiver
msg['Cc'] = acc
msg['from'] =  "张俊红"

#邮件正文
body = "你好，这是一份测试邮件"

#添加邮件正文:
msg.attach(MIMEText(body, 'plain', 'utf-8'))

#添加附件
#注意这里的文件路径是斜杠
xlsxpart = MIMEApplication(open('C:/Users/zhangjunhong/Desktop/这是附件.xlsx',
'rb').read())
xlsxpart.add_header('Content-Disposition', 'attachment', filename='这是附
件.xlsx')
msg.attach(xlsxpart)

#设置邮箱服务器地址及端口
smtp_server ="smtp.163.com"
server = smtplib.SMTP(smtp_server, 25)
server.set_debuglevel(1)

#登录邮箱
server.login(from_addr, password)

#发送邮件
server.sendmail(from_addr, areceiver.split(',')+acc.split(','),
msg.as_string())

#断开服务器连接
server.quit()
```

最后的结果如图 13-4 所示。

图 13-4

关于自动发送邮件还有一些进阶的内容，比如定时发送、正文显示 HTML 内容等，有兴趣的读者可以自行参阅其他资料学习。

13.5 批量发送邮件

如果需要同时发送多份邮件，则可以把收件人整理成一个表格进行循环遍历，逐个进行发送。

比如，我们现在需要给销售部门几百个销售人员分别发送本月各自的销售任务，在发送邮件时主题需要命名成“×××任务明细”，附件中需要添加各自的任务明细表，而且需要抄送给各自的直属上级。

根据上述需求，我们整理了如表 13-2 所示的收件人信息相关的表格 df。

表 13-2

姓　　名	收件人	抄送人
张俊红 1	zhangjunhong11@163.com	zhangjunhong@163.com
张俊红 2	zhangjunhong22@163.com	zhangjunhong@163.com

只需要写一个 for 循环遍历表格 df 中的信息，然后就可以分别发送出去，具体实现代码如下。

```
import smtplib
from email.mime.multipart import MIMEMultipart
from email.mime.text import MIMEText
from email.mime.image import MIMEImage
from email.mime.application import MIMEApplication

host = "smtp.163.com"
port = 25
username = "zhangjunhong1227@163.com"
password = "123zjh"

smtp = smtplib.SMTP() #声明一个链接对象
smtp.connect(host, port)  # 与服务器进行连接
smtp.set_debuglevel(1) #显示出交互信息
smtp.login(username, password)  # 登录邮箱

sender = username

for i in zip(df["姓名"],df["收件人"],df["抄送人"]):

    receiver = i[1] #收件人
    acc = i[2] #抄送人


    msg = MIMEMultipart() #声明一个邮件对象
    msg['from'] = username #发件人
    msg['to'] = receiver#收件人
    msg['Cc'] = acc #抄送人
    msg['Subject'] = i[0] + "任务明细" #主题

    # 编写正文
    text = MIMEText(i[0]+"您好，这是您这个月的任务明细",'plain', 'utf-8')
    msg.attach(text)

    # 添加表格附件
    f = open('C:/Users/zhangjunhong/Desktop/任务明细/'+ i[0] + '.xlsx', 'rb').
read()
    filepart = MIMEApplication(f)
    filepart.add_header('Content-Disposition','attachment',filename=i[0] + '任务
明细.xlsx') #为附件添加一个标题
    msg.attach(filepart)

    smtp.sendmail(sender, receiver.split(',') + acc.split(','), msg.as_string())
# 发送邮件
smtp.quit()  # 断开服务器连接
```

通过运行上面的代码，就可以实现一次性给表格 df 中的所有人发送邮件的需求。

第 14 章 将 Python 代码转化为可执行的程序

我们平常使用的各种软件，大部分是通过各种点击来进行操作的，但其实每一次点击的背后都对应一段代码在执行。那也就意味着代码其实也可以打包成这种靠点击就能够运行的程序，本章主要讲述如何将一段 Python 代码转化为通过点击就能运行的程序。

14.1 安装所需要的 Python 库

在 Python 中，将代码转换成可执行的程序需要安装库 pyinstaller。

安装这个库的方式与安装其他库的方式是一样的，Windows 用户打开 Anaconda Promt，MacOS 用户打开终端，然后输入下面的代码（见图 14-1）。

```
pip install pyinstaller
```

图 14-1

按下 Enter 键，等待安装完成即可。

如果网络有点慢，安装慢或者安装出错，则可以使用下面的代码（见图 14-2）。

```
pip install --index-url https://pypi.douban.com/simple pyinstaller
```

图 14-2

上面两种安装方式的差别在于前者默认调取国外的安装源，如果网络不好，安装会比较慢或者报错，后者是调取的国内豆瓣安装源，安装速度相对较快一些。后者也可以被用来安装 Python 的其他库，只需要把 pyinstaller 换成其他库的名字即可。

14.2 对代码进行打包

安装好 pyinstaller 库以后就可以对代码进行打包。首先将 Python 代码保存为.py 格式的文件，放到一个文件夹中。

比如，我们将写有下面代码的 Python 文件保存到桌面的 python_exe 文件夹中，并将其命名为 mkdir_code。

```
import os
os.mkdir(os.getcwd() + '\\test_file')
```

上面代码中的 os.getcwd()表示获取当前脚本所在的文件夹路径，mkdir 表示在该路径下新建一个名为 test_file 的文件夹。

将代码保存以后，还需要将代码中用到的库也复制一份到代码所在的文件夹中。比如，我们在这里用到了 OS 库，那么就需要把 OS 库也复制一份到 python_exe 文件夹中。

那如何找我们要用到的库呢？先找到 Python 的安装目录，然后在对应的文件夹中搜索库名，与库名一致的文件夹名就是我们需要的。图 14-3 所示就是搜索到的 OS 库。

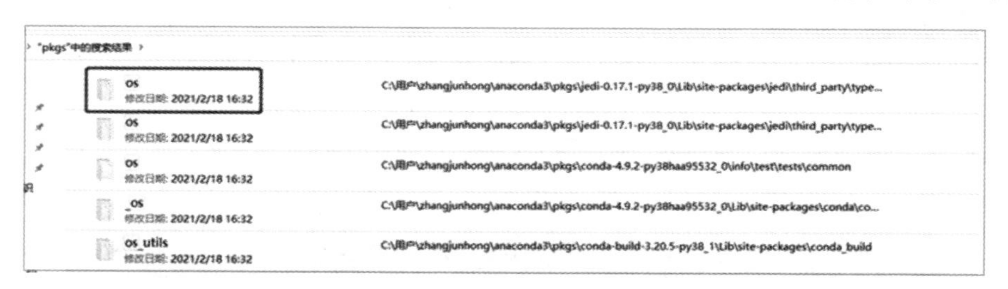

图 14-3

需要的基础文件准备就绪以后，就可以开始正式的打包工作了。同样还是 Windows 用户打开 Anaconda Promt，MacOS 用户打开终端，然后切换到代码存放的文件夹 python_exe 所在的路径。具体的切换方式为“cd +路径”，如图 14-4 所示，打开 Anaconda Promt 以后默认的路径是 C:\Users\zhangjunhong，输入 cd Desktop/python_exe，按下 Enter 键，表示将当前路径切换到桌面的 python_exe 文件夹。

```
Anaconda Prompt (anaconda3)
(base) C:\Users\zhangjunhong>cd Desktop/python_exe
(base) C:\Users\zhangjunhong\Desktop\python_exe>
```

图 14-4

然后输入如下命令，按下 Enter 键（见图 14-5）。

```
pyinstaller -F mkdir_code.py
```

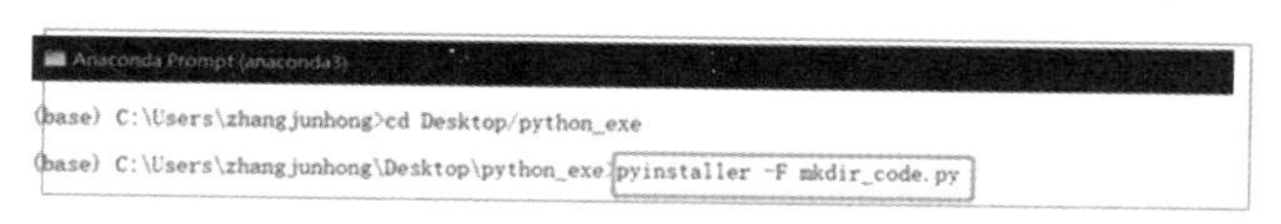

图 14-5

程序执行完以后，我们打开 python_exe 文件夹，就会看到该文件夹中除了 mkdir_code.py 和 os 文件，又多了几个文件，打包好的程序就在 dist 文件夹中，如图 14-6 所示。

图 14-6

当打开 dist 文件夹后，就可以看到后缀为.exe 的程序，这个就是打包好的程序，如图 14-7 所示。

图 14-7

双击这个程序，可以看到在该文件夹中新增了一个名为 test_file 的文件夹，说明程序运行成功了，如图 14-8 所示。

图 14-8

以上就是关于如何将 Python 代码打包成一个可以通过点击就能够执行的程序的步骤。在实际使用中，我们的代码肯定不是那么短，但是代码的长短与打包流程是没有关系的。

第 15 章 工作中的报表自动化实战

本章给大家演示一下在实际工作中如何结合 Pandas 库和 openpyxl 库来自动化生成报表。假设我们现在有如图 15-1 所示的数据集。

	order_id	城市	省份	创建日期	付款日期	收货日期	退款日期
0	1	北京市	北京	2021-04-04	2021-04-07	2021-04-13	1970-01-01
1	2	福州市	福建省	2021-04-02	2021-04-10	1970-01-01	1970-01-01
2	3	广州市	广东省	2021-04-05	1970-01-01	1970-01-01	1970-01-01
3	4	桂林市	广西壮族自治区	2021-04-11	2021-04-02	2021-04-09	1970-01-01
4	5	郑州市	河南省	2021-04-09	1970-01-01	1970-01-01	1970-01-01
...	...	...	...	...	...	...	...
495	496	贵阳市	贵州省	2021-04-11	2021-04-11	2021-04-21	1970-01-01
496	497	北京市	北京	2021-04-11	2021-04-03	2021-04-06	2021-04-10
497	498	贵阳市	贵州省	2021-04-11	2021-04-07	2021-04-15	1970-01-01
498	499	广州市	广东省	2021-04-11	2021-04-09	2021-04-12	2021-04-21
499	500	北京市	北京	2021-04-11	2021-04-06	1970-01-01	1970-01-01

图 15-1

现在需要根据这份数据集来制作每天的日报情况，主要包含以下 3 个方面。

- 当日各项指标的同/环比情况。
- 当日各省份创建订单量情况。
- 最近一段时间创建订单量趋势。

接下来分别实现。

15.1 当日各项指标的同/环比情况

我们先用 Pandas 库对数据进行计算处理，得到各指标的同/环比情况，具体实现代码如下。

```
#导入文件
import pandas as pd
df = pd.read_excel(r'D:\Data-Science\share\excel-python 报表自动化
\sale_data.xlsx')

#构造同时获取不同指标的函数
def get_data(date):
    create_cnt = df[df['创建日期'] == date]['order_id'].count()
    pay_cnt = df[df['付款日期'] == date]['order_id'].count()
    receive_cnt = df[df['收货日期'] == date]['order_id'].count()
    return_cnt = df[df['退款日期'] == date]['order_id'].count()
    return create_cnt,pay_cnt,receive_cnt,return_cnt

#假设当日是 2021-04-11
#获取不同时间段的各指标值
df_view = pd.DataFrame([get_data('2021-04-11')
                       ,get_data('2021-04-10')
                       ,get_data('2021-04-04')]
                       ,columns = ['创建订单量','付款订单量','收货订单量','退款订单量']
                       ,index = ['当日','昨日','上周同期']).T

df_view['环比'] = df_view['当日'] / df_view['昨日'] - 1
df_view['同比'] = df_view['当日'] / df_view['上周同期'] - 1
df_view
```

运行上面代码会得到如图 15-2 所示结果。

	当日	昨日	上周同期	环比	同比
创建订单量	50	80	40	-0.375000	0.250000
付款订单量	30	55	25	-0.454545	0.200000
收货订单量	27	28	15	-0.035714	0.800000
退款订单量	4	5	3	-0.200000	0.333333

图 15-2

上面只是得到了各指标的同/环比绝对数值，但是日报在发出去之前一般都要做一些格式调整，比如调整字体。而格式调整需要用到 openpyxl 库，我们将 Pandas 库中 DataFrame 格式的数据转化为适用 openpyxl 库的数据格式，具体实现代码如下。

```
from openpyxl import Workbook
from openpyxl.utils.dataframe import dataframe_to_rows

#创建空工作簿
wb = Workbook()
ws = wb.active
```

```
#将 DataFrame 格式数据转化为 openpyxl 格式
for r in dataframe_to_rows(df_view,index = True,header = True):
    ws.append(r)

wb.save(r'D:\Data-Science\share\excel-python 报表自动化\核心指标_原始.xlsx')
```

运行上面代码会得到如图 15-3 所示结果，可以看到原始的数据文件看起来是很混乱的。

	A	B	C	D	E	F	G
1		当日	昨日	上周同期	环比	同比	
2							
3	创建订单	50	80	40	-0.375	0.25	
4	付款订单	30	55	25	-0.45455	0.2	
5	收货订单	27	28	15	-0.03571	0.8	
6	退款订单	4	5	3	-0.2	0.333333	
7							

图 15-3

接下来，对上面的原始数据文件进行格式调整，具体调整代码如下。

```
from openpyxl import Workbook
from openpyxl.utils.dataframe import dataframe_to_rows
from openpyxl.styles import colors
from openpyxl.styles import Font
from openpyxl.styles import PatternFill
from openpyxl.styles import Border, Side
from openpyxl.styles import Alignment

wb = Workbook()
ws = wb.active

for r in dataframe_to_rows(df_view,index = True,header = True):
    ws.append(r)

#第 2 行是空的，删除第 2 行
ws.delete_rows(2)

#给 A1 单元格进行赋值
ws['A1'] = '指标'

#插入一行作为标题行
ws.insert_rows(1)
ws['A1'] = '电商业务方向 2021/4/11 日报'

#将标题行的单元格进行合并
ws.merge_cells('A1:F1') #合并单元格
```

```
#对第 1 行至第 6 行的单元格进行格式设置
for row in ws[1:6]:
    for c in row:
        #字体设置
        c.font = Font(name = '微软雅黑',size = 12)
        #对齐方式设置
        c.alignment = Alignment(horizontal = "center")
        #边框线设置
        c.border = Border(left = Side(border_style = "thin",color = "FF000000"),
                    right = Side(border_style = "thin",color = "FF000000"),
                    top = Side(border_style = "thin",color = "FF000000"),
                    bottom = Side(border_style = "thin",color = "FF000000"))

#对标题行和表头行进行特殊设置
for row in ws[1:2]:
    for c in row:
        c.font = Font(name = '微软雅黑',size = 12,bold = True,color = "FFFFFFFF")
        c.fill = PatternFill(fill_type = 'solid',start_color ='FFFF6100')

#将环比和同比设置成百分比格式
for col in ws["E":"F"]:
    for r in col:
        r.number_format = '0.00%'

#调整列宽
ws.column_dimensions['A'].width = 13
ws.column_dimensions['E'].width = 10

#保存调整后的文件
wb.save(r'D:\Data-Science\share\excel-python 报表自动化\核心指标.xlsx')
```

运行上面代码会得到如图 15-4 所示结果。

	A	B	C	D	E	F	G
1	电商业务方向 2021/4/11 日报						
2	指标	当日	昨日	上周同期	环比	同比	
3	创建订单量	50	80	40	-37.50%	25.00%	
4	付款订单量	30	55	25	-45.45%	20.00%	
5	收货订单量	27	28	15	-3.57%	80.00%	
6	退款订单量	4	5	3	-20.00%	33.33%	
7							

图 15-4

可以看到各项均已设置成功。

15.2 当日各省份创建订单量情况

我们同样先利用 Pandas 库处理得到当日各省份创建订单量的情况，具体实现代码如下。

```
df_province = pd.DataFrame(df[df['创建日期'] == '2021-04-11'].groupby('省份
')['order_id'].count())
df_province = df_province.reset_index()
df_province = df_province.sort_values(by = 'order_id',ascending = False)
df_province = df_province.rename(columns = {'order_id':'创建订单量'})
df_province
```

运行上面代码会得到如图 15-5 所示结果。

	省份	创建订单量
0	北京	7
3	广西壮族自治区	7
7	甘肃省	6
8	福建省	6
9	贵州省	6
5	河南省	5
6	海南省	5
1	安徽省	3
4	河北省	3
2	广东省	2

图 15-5

在得到各省份当日创建订单量的绝对数值之后，同样对其进行格式设置，具体设置代码如下。

```
from openpyxl import Workbook
from openpyxl.utils.dataframe import dataframe_to_rows
from openpyxl.styles import colors
from openpyxl.styles import Font
from openpyxl.styles import PatternFill
from openpyxl.styles import Border, Side
from openpyxl.styles import Alignment
from openpyxl.formatting.rule import DataBarRule

wb = Workbook()
ws = wb.active

for r in dataframe_to_rows(df_province,index = False,header = True):
```

```
    ws.append(r)

#对第 1 行至第 11 行的单元格进行设置
for row in ws[1:11]:
    for c in row:
        #字体设置
        c.font = Font(name = '微软雅黑',size = 12)
        #对齐方式设置
        c.alignment = Alignment(horizontal = "center")
        #边框线设置
        c.border = Border(left = Side(border_style = "thin",color = "FF000000"),
                   right = Side(border_style = "thin",color = "FF000000"),
                   top = Side(border_style = "thin",color = "FF000000"),
                   bottom = Side(border_style = "thin",color = "FF000000"))

#设置进度条条件格式
rule = DataBarRule(start_type = 'min',end_type = 'max',
                   color="FF638EC6", showValue=True, minLength=None, maxLength=
None)
ws.conditional_formatting.add('B1:B11',rule)

#对第 1 行标题行进行设置
for c in ws[1]:
    c.font = Font(name = '微软雅黑',size = 12,bold = True,color = "FFFFFFFF")
    c.fill = PatternFill(fill_type = 'solid',start_color='FFFF6100')

#调整列宽
ws.column_dimensions['A'].width = 17
ws.column_dimensions['B'].width = 13

#保存调整后的文件
wb.save(r'D:\Data-Science\share\excel-python 报表自动化\各省份销量情况.xlsx')
```

运行上面代码会得到如图 15-6 所示结果。

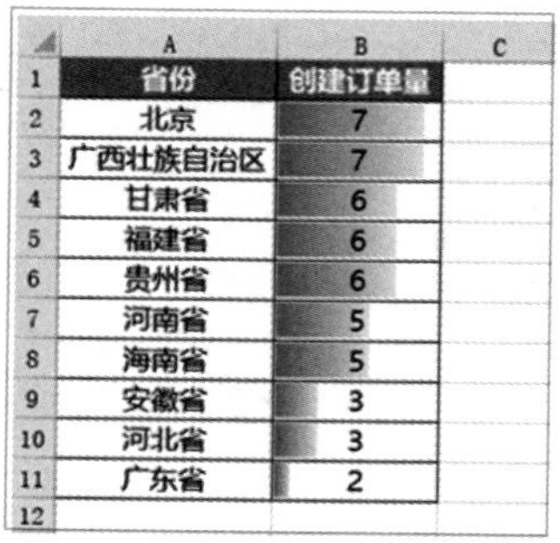

	A	B	C
1	省份	创建订单量	
2	北京	7	
3	广西壮族自治区	7	
4	甘肃省	6	
5	福建省	6	
6	贵州省	6	
7	河南省	5	
8	海南省	5	
9	安徽省	3	
10	河北省	3	
11	广东省	2	
12			

图 15-6

15.3 最近一段时间创建订单量趋势

一般用折线图反映某个指标的趋势情况，我们前面也讲过，在实际工作中一般用 matplotlib 库或者其他可视化库进行图表绘制，并将其保存，然后利用 openpyxl 库将图表插入 Excel 中。

先利用 matplotlib 库进行绘图，具体实现代码如下。

```
%matplotlib inline
import matplotlib.pyplot as plt
plt.rcParams["font.sans-serif"]='SimHei'#解决中文乱码

#设置图表大小
plt.figure(figsize = (10,6))
df.groupby('创建日期')['order_id'].count().plot()
plt.title('4.2 - 4.11 创建订单量分日趋势')
plt.xlabel('日期')
plt.ylabel('订单量')

#将图表保存到本地
plt.savefig(r'D:\Data-Science\share\excel-python 报表自动化\4.2 - 4.11 创建订单量
分日趋势.png')
```

将保存到本地的图表插入 Excel 中，具体实现代码如下。

```
from openpyxl import Workbook
from openpyxl.drawing.image import Image

wb = Workbook()
ws = wb.active

img = Image(r'D:\Data-Science\share\excel-python 报表自动化\4.2 - 4.11 创建订单量
分日趋势.png')

ws.add_image(img, 'A1')

wb.save(r'D:\Data-Science\share\excel-python 报表自动化\4.2 - 4.11 创建订单量分日
趋势.xlsx')
```

运行上面代码会得到如图 15-7 所示结果，可以看到图表已经被成功插入 Excel 中。

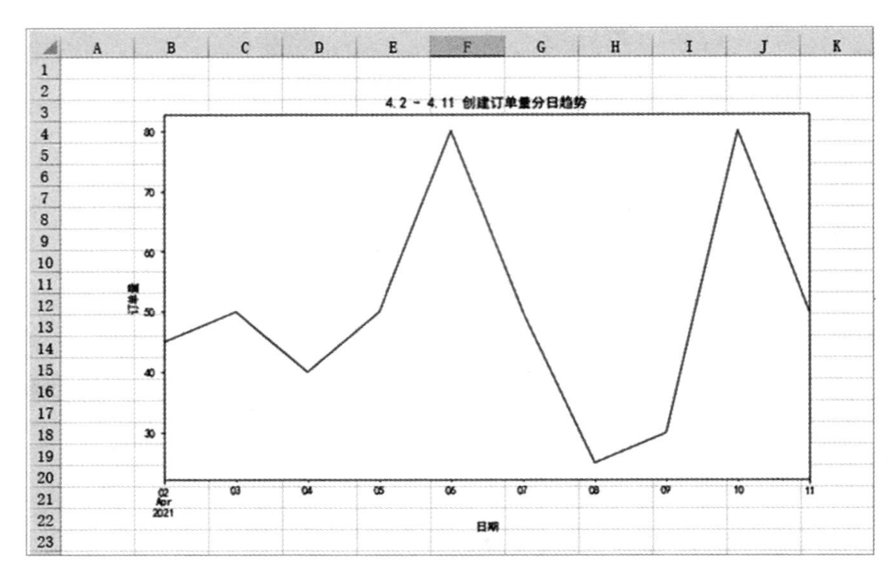

图 15-7

15.4 将不同的结果进行合并

上面我们是把每一部分都单独拆开来实现的，最后存储在了不同的 Excel 文件中。当然，有时放在不同文件中会比较麻烦，就需要把这些结果合并在同一个 Excel 的相同 Sheet 或者不同 Sheet 中。

15.4.1 将不同的结果合并到同一个 Sheet 中

将不同的结果合并到同一个 Sheet 中的难点在于不同表结果的结构不一样，而且需要在不同结果之间进行留白。

首先，插入核心指标表 df_review，插入方式与单独插入是一样的，具体代码如下。

```
for r in dataframe_to_rows(df_view,index = True,header = True):
    ws.append(r)
```

然后，插入各省份情况表 df_province，因为 append()方法默认是从第 1 行开始插入的，而我们前面几行已经有 df_view 表的数据了，所以就不能用 append()方法插入，而只能通过遍历每一个单元格的方式。

那我们怎么知道要遍历哪些单元格呢？核心是需要知道遍历开始的行/列和遍历结束的行/列。

```
遍历开始的行 = df_view 表占据的行 + 留白的行(一般表与表之间留 2 行) + 1
遍历结束的行 = 遍历开始的行 + df_province 表占据的行
```

```
遍历开始的列 = 1
遍历结束的列 = df_province 表占据的列
```

又因为 DataFrame 中获取列名的方式和获取具体值的方式不太一样，所以我们需要分别插入，先插入列名，具体代码如下。

```
for j in range(df_province.shape[1]):
    ws.cell(row = df_view.shape[0] + 5,column = 1 + j).value = df_province.columns[j]
```

df_province.shape[1]表示获取 df_province 表有多少列，df_view.shape[0]表示获取 df_view 表有多少行。

前面说过，遍历开始的行是表占据的行加上留白的行再加 1，一般留白的行是 2，可是这里为什么是 df_view.shape[0] + 5 呢？因为 df_view.shape[0]是不包括列名行的，而且在插入 Excel 中时会默认增加 1 行空行，所以需要在留白行的基础上再增加 2 行，即 2 + 2 + 1 = 5。

因为 range()函数默认是从 0 开始的，而 Excel 中的列是从 1 开始的，所以 column 需要加 1。

上面的代码只是把 df_province 表的列名插入进来，接下来插入具体的值，方式与插入列名的方式一致，只不过需要在列名的下一行开始插入，具体代码如下。

```
#再把具体的值插入
for i in range(df_province.shape[0]):
    for j in range(df_province.shape[1]):
        ws.cell(row = df_view.shape[0] + 6 + i,column = 1 + j).value = 
df_province.iloc[i,j]
```

接下来，插入图片，插入图片的方式与前面的单独插入方法是一致的，具体代码如下。

```
#插入图片
img = Image(r'D:\Data-Science\share\excel-python 报表自动化\4.2 - 4.11 创建订单量
分日趋势.png')
ws.add_image(img, 'G1')
```

将所有的数据插入以后就该对这些数据进行格式设置了，因为不同表的结构不一样，所以我们没法直接批量对所有单元格进行格式设置，只能按范围分别进行设置，而不同范围的格式可能是一样的，所以我们先预设一些格式变量，这样后面用到的时候直接调取这些变量即可，减少代码冗余，具体代码如下。

```
#格式预设

#表头字体设置
title_Font_style = Font(name = '微软雅黑',size = 12,bold = True,color = "FFFFFFFF")
```

```
#普通内容字体设置
plain_Font_style = Font(name = '微软雅黑',size = 12)
Alignment_style = Alignment(horizontal = "center")
Border_style = Border(left = Side(border_style = "thin",color = "FF000000"),
                  right = Side(border_style = "thin",color = "FF000000"),
                  top = Side(border_style = "thin",color = "FF000000"),
                  bottom = Side(border_style = "thin",color = "FF000000"))
PatternFill_style = PatternFill(fill_type = 'solid',start_color ='FFFF6100')
```

格式预设完之后就可以对各个范围分别进行格式设置了，具体代码如下。

```
#对 A1 至 F6 范围内的单元格进行设置
for row in ws['A1':'F6']:
    for c in row:
        c.font = plain_Font_style
        c.alignment = Alignment_style
        c.border = Border_style

#对第 1 行和第 2 行的单元格进行设置
for row in ws[1:2]:
    for c in row:
        c.font = title_Font_style
        c.fill = PatternFill_style

#对 E 列和 F 列的单元格进行设置
for col in ws["E":"F"]:
    for r in col:
        r.number_format = '0.00%'

#对 A9 至 B19 范围内的单元格进行设置
for row in ws['A9':'B19']:
    for c in row:
        c.font = plain_Font_style
        c.alignment = Alignment_style
        c.border = Border_style

#对 A9 至 B9 范围内的单元格进行设置
for row in ws['A9':'B9']:
    for c in row:
        c.font = title_Font_style
        c.fill = PatternFill_style

#设置进度条
rule = DataBarRule(start_type = 'min',end_type = 'max',
                    color="FF638EC6", showValue=True, minLength=None,
maxLength=None)
ws.conditional_formatting.add('B10:B19',rule)

#调整列宽
```

```
ws.column_dimensions['A'].width = 17
ws.column_dimensions['B'].width = 13
ws.column_dimensions['E'].width = 10
```

最后，将上面所有代码片段合并在一起，就是将不同的结果文件合并到同一个 Sheet 中的完整代码，具体如下。

```
from openpyxl import Workbook
from openpyxl.utils.dataframe import dataframe_to_rows
from openpyxl.styles import colors
from openpyxl.styles import Font
from openpyxl.styles import PatternFill
from openpyxl.styles import Border, Side
from openpyxl.styles import Alignment
from openpyxl.formatting.rule import DataBarRule

wb = Workbook()
ws = wb.active

#先将核心指标 df_view 表插入进去
for r in dataframe_to_rows(df_view,index = True,header = True):
    ws.append(r)

#再将各省份情况 df_province 表插入进去
#先将表头插入
for j in range(df_province.shape[1]):
    ws.cell(row = df_view.shape[0] + 5,column = 1 + j).value = df_province.columns[j]

#再把具体的值插入
#先遍历行
for i in range(df_province.shape[0]):
    #再遍历列
    for j in range(df_province.shape[1]):
        ws.cell(row = df_view.shape[0] + 6 + i,column = 1 + j).value = df_province.
iloc[i,j]

#插入图片
img = Image(r'D:\Data-Science\share\excel-python 报表自动化\4.2 - 4.11 创建订单量
分日趋势.png')
ws.add_image(img, 'G1')

##---格式调整---
ws.delete_rows(2)
ws['A1'] = '指标'

ws.insert_rows(1)
ws['A1'] = '电商业务方向 2021/4/11 日报'
```

```
ws.merge_cells('A1:F1') #合并单元格

#格式预设

#表头字体设置
title_Font_style = Font(name = '微软雅黑',size = 12,bold = True,color = "FFFFFFFF")
#普通内容字体设置
plain_Font_style = Font(name = '微软雅黑',size = 12)
Alignment_style = Alignment(horizontal = "center")
Border_style = Border(left = Side(border_style = "thin",color = "FF000000"),
right = Side(border_style = "thin",color = "FF000000"),
top = Side(border_style = "thin",color = "FF000000"),
bottom = Side(border_style = "thin",color = "FF000000"))
PatternFill_style = PatternFill(fill_type = 'solid',start_color='FFFF6100')

#对 A1 至 F6 范围内的单元格进行设置
for row in ws['A1':'F6']:
    for c in row:
        c.font = plain_Font_style
        c.alignment = Alignment_style
        c.border = Border_style

#对第 1 行和第 2 行的单元格进行设置
for row in ws[1:2]:
    for c in row:
        c.font = title_Font_style
        c.fill = PatternFill_style

#对 E 列和 F 列的单元格进行设置
for col in ws["E":"F"]:
    for r in col:
        r.number_format = '0.00%'

#对 A9 至 B19 范围内的单元格进行设置
for row in ws['A9':'B19']:
    for c in row:
        c.font = plain_Font_style
        c.alignment = Alignment_style
        c.border = Border_style

#对 A9 至 B9 范围内的单元格进行设置
for row in ws['A9':'B9']:
    for c in row:
        c.font = title_Font_style
        c.fill = PatternFill_style

#设置进度条
rule = DataBarRule(start_type = 'min',end_type = 'max',
```

```
                    color="FF638EC6", showValue=True, minLength=None, maxLength=
None)
ws.conditional_formatting.add('B10:B19',rule)

#调整列宽
ws.column_dimensions['A'].width = 17
ws.column_dimensions['B'].width = 13
ws.column_dimensions['E'].width = 10

#将结果文件进行保存
wb.save(r'D:\Data-Science\share\excel-python 报表自动化\多结果合并.xlsx')
```

运行上面代码，会得到如图 15-8 所示结果，可以看到不同结果文件合并在了一起，并且各自的格式设置完好。

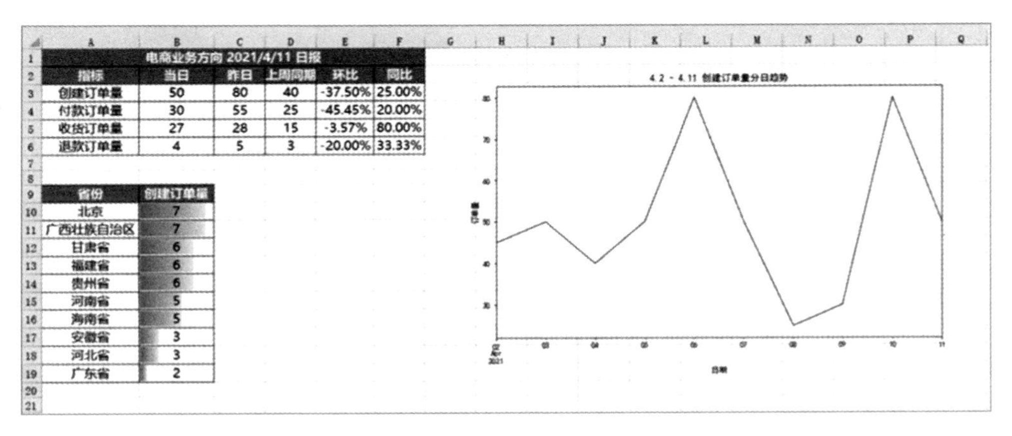

电商业务方向 2021/4/11 日报					
指标	当日	昨日	上周同期	环比	同比
创建订单量	50	80	40	-37.50%	25.00%
付款订单量	30	55	25	-45.45%	20.00%
收货订单量	27	28	15	-3.57%	80.00%
退款订单量	4	5	3	-20.00%	33.33%

省份	创建订单量
北京	7
广西壮族自治区	7
甘肃省	6
福建省	6
贵州省	6
河南省	5
海南省	5
安徽省	3
河北省	3
广东省	2

图 15-8

15.4.2　将不同的结果合并到同一工作簿的不同 Sheet 中

将不同的结果合并到同一工作簿的不同 Sheet 中比较好实现，只需要新建几个 Sheet，然后对不同的 Sheet 插入数据即可，具体实现代码如下。

```
from openpyxl import Workbook
from openpyxl.utils.dataframe import dataframe_to_rows

wb = Workbook()
ws = wb.active

ws1 = wb.create_sheet()
ws2 = wb.create_sheet()

#更改 sheet 的名称
ws.title = "核心指标"
```

```
ws1.title = "各省份销情况"
ws2.title = "分日趋势"

for r1 in dataframe_to_rows(df_view,index = True,header = True):
    ws.append(r1)

for r2 in dataframe_to_rows(df_province,index = False,header = True):
    ws1.append(r2)

img = Image(r'D:\Data-Science\share\excel-python 报表自动化\4.2 - 4.11 创建订单量分日趋势.png')

ws2.add_image(img, 'A1')

wb.save(r'D:\Data-Science\share\excel-python 报表自动化\多结果合并_多 Sheet.xlsx')
```

运行上面代码，会得到如图 15-9 所示结果，可以看到创建了 3 个 Sheet，且不同的内容被保存到了不同 Sheet 中。

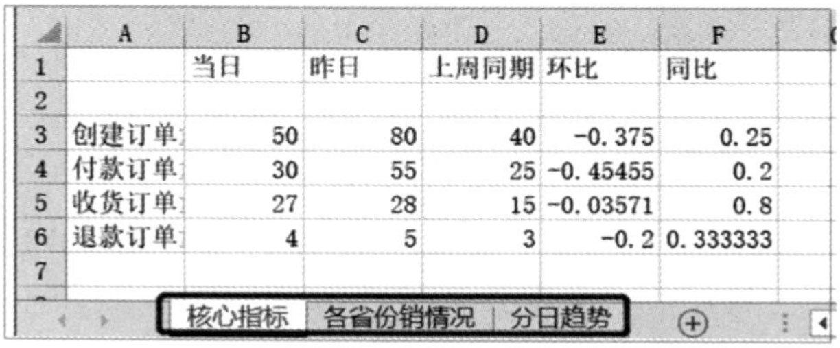

	A	B	C	D	E	F
1		当日	昨日	上周同期	环比	同比
2						
3	创建订单	50	80	40	-0.375	0.25
4	付款订单	30	55	25	-0.45455	0.2
5	收货订单	27	28	15	-0.03571	0.8
6	退款订单	4	5	3	-0.2	0.333333
7						

核心指标 | 各省份销情况 | 分日趋势

图 15-9